特選布品
Sue Teal

以Sue Teal製作！

Tilda為紀念品牌成立25週年推出了新系列Jubilee。此作品使用的新系列布品Sue Teal，是從2019年<Apple Butter>系列中選出並重新設計的花樣，是受到復古花朵圖案啟發，繽紛溫暖的印刷布。

No.01 ITEM｜鍋具隔熱套
作法｜**P.48**

在拿取很燙的把手時，非常好用的隔熱套。設計成四周以斜布條收邊的樣式。若能製作兩個備用，端雙耳鍋也OK。作為小禮品，收禮者也會很開心吧！

表布＝平織布 by Tilda（10559・Sue Teal）
裡布＝平織布 by Tilda（10559・Lilac Mist）

※P.03至P.06作品皆使用Tilda（有限會社Scanjap Incorporated）布料。

Tilda 玩布藝・春日布小物

2024年，Tilda迎來創立25週年！為此，布小物作家くぼでらようこ特別以新系列
Jubilee布料，製作了春日小物的布作提案。

攝影＝回里純子　造型＝西森 萌　妝髮＝タニジュンコ　模特兒＝EILEEN

No.02 | ITEM | 圓弧底布包
作 法 | P.50

使用雙向拉鍊的波士頓款布包。呼應
主布的鴨子圖案，在口袋上也加上了
刺繡。同色系素色布則增添了直條紋
絎縫壓線作為裝飾。圓弧邊角的大底
也使包體具有良好的穩定性。

表布＝平織布 by Tilda（100555・Duck
Nest Blue）
配布＝平織布 by Tilda（100555・Corn
flower Blue）

繡在口袋上的鴨子好可愛！

No. 02-05 創作者
くぼでらようこ
@dekobokoubou
布物作家。著作有《フレンチジェネラルの布で作る美
しいバッグやポーチetc.（暫譯：用French General布
料製作美麗的布包和波奇包etc.）》Boutique社出版。

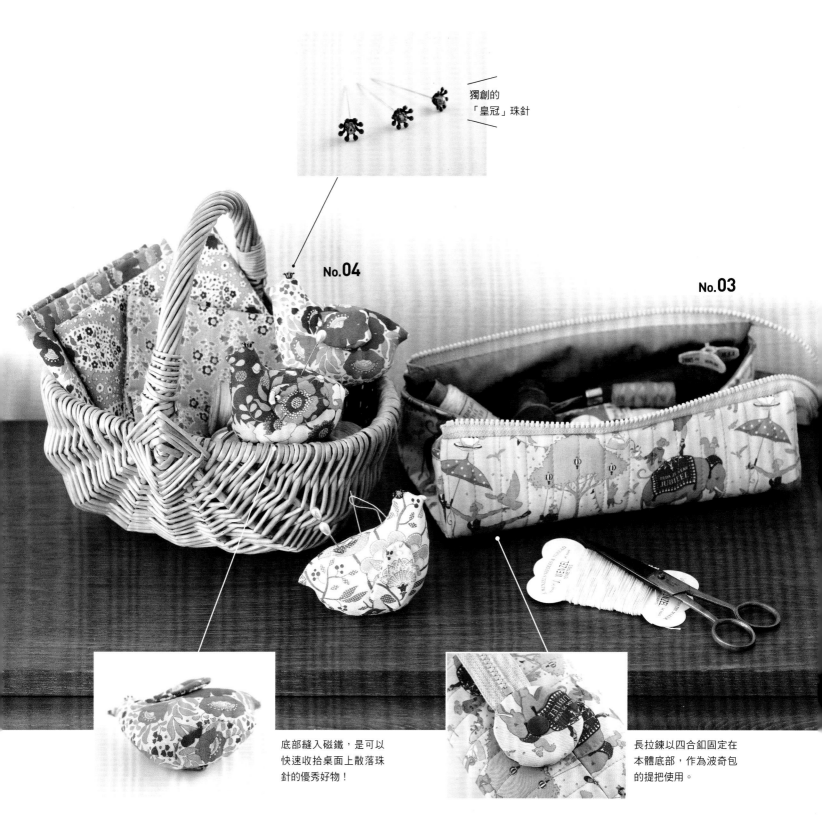

獨創的
「皇冠」珠針

No.04

No.03

底部縫入磁鐵，是可以
快速收拾桌面上散落珠
針的優秀好物！

長拉鍊以四合釦固定在
本體底部，作為波奇包
的提把使用。

No.04 ITEM｜小鳥針插
作法｜P.48

可愛渾圓的鳥形針插。翅膀部分僅以珠子手縫固定，是可
上下活動的構造。皇冠則是在花蓋上接合珠子與絲針製作
的獨創珠針。

上：表布＝平織布 by Tilda（100548・Autumn Bouquet Mustard）
中：表布＝平織布 by Tilda（100551・Anemone Blue）
下：表布＝平織布 by Tilda（100557・Bird Tree Cream）

No.03 ITEM｜長拉鍊波奇包
作法｜P.52

使用長50cm的VISLON拉鍊，完全打開時為盒型的波奇
包。內部一目瞭然，方便物品取放，特別適合收納縫紉工
具或零散的化妝品。

表布＝平織布 by Tilda（100547・Circus Life Jubilee Cream）
配布＝平織布 by Tilda（120013・Lupine）

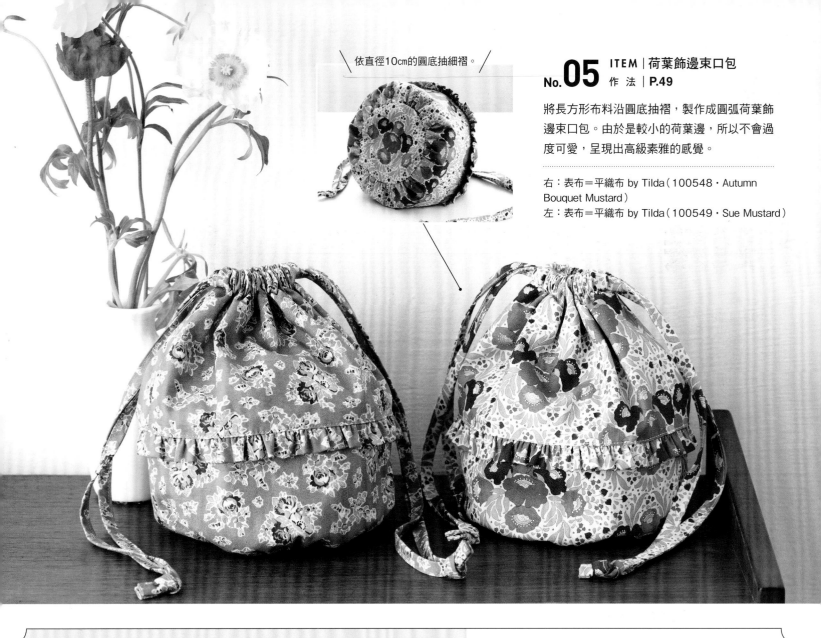

依直徑10cm的圓底抽細褶。

ITEM｜荷葉飾邊束口包
作 法｜**P.49**

將長方形布料沿圓底抽褶，製作成圓弧荷葉飾邊束口包。由於是較小的荷葉邊，所以不會過度可愛，呈現出高級素雅的感覺。

右：表布＝平織布 by Tilda（100548・Autumn Bouquet Mustard）
左：表布＝平織布 by Tilda（100549・Sue Mustard）

～ New Collection ～
Jubilee

回顧品牌創立至今的漫長道路，從先前的系列中，蒐集了適合25週年的布料設計。櫻桃紅、亮藍色、藍綠色、宛如太陽的黃色、粉紅色等等，繽紛且具活力的色彩非常適合慶祝紀念日。

Tilda®

～ティルダ～

Tilda是挪威設計師Tone Finnanger於1999年成立的布料品牌。以充滿女性化的柔軟色調與溫和感的設計，風靡全世界的手作迷。由於是平織布，因此布料好處理，從洋裝到家飾，用途廣泛也是受歡迎的原因之一。

───── 銷售據點 ─────

https://tildajapan.com/stockist/

Tilda& Friends　Tilda Japan公式
https://tildajapan.com｜ @tildajapantokyo｜ @tildajapan

Spring Edition
2024 vol.64

CONTENTS

封面攝影　回里純子
藝術指導　みうらしゅう子

迎接一季花滿開的布作派對

作品 INDEX

BAG

POUCH&CASE

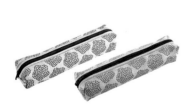

No.28
P.35 褶襉波奇包
作法｜P.78

No.22
P.29 荷葉邊束口包
作法｜P.68

No.21
P.29 支架口金波奇包
作法｜P.57

No.19
P.26 風琴褶卡片包
作法｜P.55

No.06
P.11 探險家漁夫帽
作法｜P.54

No.04
P.05 小鳥針插
作法｜P.48

ZAKKA&ETC...

No.01
P.03 鍋具隔熱套
作法｜P.48

No.32
P.42 罌粟花束口袋
作法｜P.84

No.33
P.43 帽子針插包
作法｜P.83

No.31
P.41 愛心針插
作法｜P.60

No.30
P.38 春日花卉胸針
作法｜P.79

No.11
P.14 摺疊陽傘&傘套
作法｜P.62

No.14
P.20 拉克蘭袖外套
作法｜P.66

WEAR

No.35
P.44 金合歡胸針
作法｜P.86

No.34
P.43 花籃針插包
作法｜P.82

直接列印含縫份紙型吧！

本期刊登的部份作品，
可以免費自行列印含縫份的紙型。

※ 含縫份紙型雖無下載期限，
但亦可能發生未事前公告即終止服務的情況。

☑ 不需要攤開大張紙型複寫。

☑ 因為已含縫份，列印後只需沿線剪下，紙型就完成了！

☑ 提供免費使用。

進入 COTTON FRIEND PATTERN SHOP
https://cfpshop.stores.jp/

手作規劃
春日出遊計畫

新季節到來！

何不手工製作包包或小物，增添春日氛圍呢？

攝影＝回里純子　造型＝西森 萌　妝髮＝タニジュンコ　模特兒＝EILEEN

No.06・07 創作者

布包設計師・赤峰清香

@sayakaakaminestyle

立式摺領大衣創作者

版型設計師・WITH PALLET吉川幸士

@with.palletgram

No.06 ITEM | 探險家漁夫帽
作法 | P.54

順手戴上，讓人不假思索地想要遠行的探險家漁夫帽。使用CEBONNER®這種尼龍材質製作，戴起來非常輕盈。雞眼釦或繩扣帽繩等部分的正式細節非常有魅力。

表布＝CEBONNER®（CB8783-12・卡其綠）
配布＝CEBONNER®（CB8783-8・米色）／川島商事株式會社
大衣＝蠟布外套中（RCC-30・11）（RCC-30・24）／INAZUMA（植村株式會社）
鬆緊繩＝鬆緊圓繩 5本丸（26-024・黑色）／Clover株式會社
問號鉤＝繩用塑膠問號鉤（26-404）／Clover株式會社
繩扣＝雙孔繩扣（SUN80-88）／清原株式會社
雞眼釦＝4mm 染黑氧化（542-409）／株式會社Misasa（Prym Consumer Japan）

No.07 ITEM | 輕便後背包
作法 | P.74

以No.06漁夫帽相同的CEBONNER®材質製作的輕便後背包。擁有輕巧的外觀，卻又能完整並大量收納物品的尺寸相當優異。

表布＝CEBONNER®（CB8783-12・卡其綠）
配布＝CEBONNER®（CB8783-8・米色）／川島商事株式會社
雞眼釦＝14mm・染黑氧化（541-384）／株式會社Misasa（Prym Consumer Japan）

ITEM | 立式摺領大衣

（參考作品 ※作法與紙型未刊登於本誌當中）

雖然是難度較高的比翼型態立式摺領大衣，但完成時的喜悅也是無可比擬的。材質建議選擇織紋緊密的棉布或斜紋布。

No.08

ITEM｜半月肩背包

作 法｜P.58

夾入滾邊斜布條，作出漂亮弧線的肩背
包。由於是貼合身體的形狀，因此裝稍微
多一點東西也沒問題。肩帶部分有調節
釦，可依需求調整長度。

表布＝合成皮（霧光合成皮・銀色）／nesshome
包包織帶＝後背包織帶（TPLX30-L/5）
拉鍊＝METALLION 40cm（5CMS-40BL841）
日型環＝塑膠調節釦30mm（SUN16-21・白）
口型環＝塑膠口型環30mm（SUN16-77・白）／
清原株式會社

③

裡本體（正面）

對齊裡本體布端＆滾邊斜布條的布
端，車縫在滾邊斜布條的縫線上。

②

建議將縫紉機換上單邊壓腳，就能車
縫於滾邊斜布條的邊緣。

①

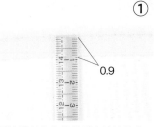

0.9

測量滾邊斜布條縫線到布端的長度。
以（測量長度＋0.1cm）作為本體縫
份寬度。（此作品為1cm）

滾邊斜布條的
接縫方式

【失敗例】

表本體（正面）

若沒有在③確實車縫於滾邊斜布條的
縫線上，或在④沒有車縫於縫線內
側，就會露出縫線。以上請小心注
意。

⑤

表本體（正面）

翻至正面。滾邊斜布條的縫線不外
露，縫得很漂亮。

④

③的縫線

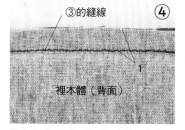

裡本體（背面）

將表本體正面相疊，裡本體側在上，
車縫於③縫線內側0.1cm的位置。

若車縫得過於內
側，就會將斜布
的部分車進去，
請特別注意！

No.08創作者
縫紉設計師
Kurai Miyoha
@kurai_muki

No.09

ITEM｜保溫保冷便當袋
作法｜P.56

雖然外觀俐落小巧，但高度卻可容納350ml的寶特瓶。甚至可同時裝入便當盒及食物罐。由於裡布使用了有幫助保冷效果的布料，因此從梅雨季到酷暑，都可放心享受便當生活。

表布＝牛津布by kippis（Samettikukka KPOP-70C）／株式會社TSUCREA

No.10

ITEM｜保溫保冷寶特瓶收納套
作法｜P.85

使用與**No.09**相同的印花布，享受成套製作的樂趣。500ml的寶特瓶也能完整收納。由於可以拉鍊開闔，因此方便物品拿放也是重點。

表布＝牛津布by kippis（Samettikukka KPOP-70C）／株式會社TSUCREA

保溫保冷布

鋁箔材質絎縫加工的保溫保冷布。表面為網狀，不易破。車縫也非常順暢。

羅紋織帶

建議使用包捲縫份專用的聚酯纖維製織帶。由於很薄，重疊亦不會過厚，非常好車縫是其特色。但需注意，與一般的羅紋緞帶是不同物品。

No.11

ITEM｜摺疊陽傘＆傘套

作　法｜**P.62**

以時尚的SOULEIADO印花布吸引眾人目光吧！使用相同布料製作方便放置於包包裡的摺疊陽傘＆方便取放的束口型收納套，正適合應付接下來日曬逐漸增強的季節。

表布＝平織布 by SOULEIADO（曼尼普爾・SLFCV-104C）／株式會社TSUCREA

No.11＆12創作者
布小物作家・くぼでらようこ
@dekobokoubou

ITEM│壓線馬歇爾包
作 法│P.64

市場提籃造型的時尚絎縫布包。橢圓的包
底＆在包口夾入出芽滾邊條的細節設計，
使包體不易變形並具有穩定性。

表布＝平織布 by SOULEIADO（曼尼普爾·
SLFCV-104C）／株式會社TSUCREA

來去手藝批發街！

布料、配件、拉鍊、鈕釦……進階素材特蒐！

說到手工藝、縫紉迷一定要去的街區，非東京・淺草橋莫屬。本單元蒐集了即使不是專業人士也能進入，可作為手作愛好者尋寶地的當紅日本店家。批發街莫屬。非東京・淺草橋～藏前界隈的

到專賣店尋找可愛的鈕釦 MAP→01

從JR淺草橋站西口步行1分鐘。走入鈕釦專賣店「タカシマ（TAKASHIMA）」，整面牆上的鈕釦一字排開展示，宛如藝廊般的摩登裝潢讓人心情愉悅。起源自2001年，以貝殼鈕釦製造商創立，既是服裝廠商的專門批發商，同時也接待尋找珍藏鈕釦的個人手藝作家以及海外客戶，是相當受歡迎的鈕釦專賣店。在店中可以自由尋寶，若有喜歡的鈕釦就整盒取出，並告知店家想購買的數量。讓人感受到每顆鈕釦都有故事的陣容與氛圍感非常精采可觀。

↑ 展示於店內的白蝶貝、鮑魚貝等，還可看見用於製作貝殼鈕釦的貝殼也很有趣味。

タカシマ鈕釦（Takashima鈕釦）
東京都台東區淺草橋4-1-4 MTC大樓1F
https://www.bb-takashima.net
☎ 11點～18點（週一～週五）
　12點～17點（週六）
休 週日・國定假日・第3個週六公休
（長期休假・臨時休假，請見網站行事曆）

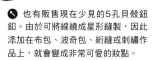

● 也有販售現在少見的5孔貝殼鈕釦。由於可將線繞成星形縫製，因此添加在布包、波奇包、絎縫或刺繡作品上，就會變成非常可愛的妝點。

← 任何關於鈕釦的事就交給他們吧！可靠的高島社長（右）與山本經理人（左）表示「在鈕釦上雕刻，或想製作獨家色彩的鈕釦等，只要關於鈕釦，皆可諮詢！」

在老店與自己專屬的剪刀相遇！ MAP→02

創業迄今已有百年歷史的刀具・五金專賣店，「來這邊就能找到想要的刀具！」是連烹飪、美容理容相關業者也高度信賴的店家。店內陳列著滿滿的菜刀、剪刀、木工・五金工具等各領域的工具・五金。裁縫剪刀、線剪、尺規等，手工藝・裁縫工具，從平價款到最高等級應有盡有。鑷子等工具還有樣品可試用，因此採購過程也極富趣味性。

↑ 以毫米為單位進行製作的和風布花創作者等，據說想尋找尖端能如吸附般密合的精巧鑷子的客人，皆從日本各地慕名而來。

↑ 從JR淺草橋站東口步行3至4分鐘。店面的日用雜貨從古早類型到便利好物種類齊全，不可錯過。

兩岡健商店
東京都台東區柳橋2丁目7番4號
http://www.guidenet.jp/shop/404m/
☎ 8點半～18點（週一～週五）
　8點半～17點（週六）
休 週日・國定假日公休

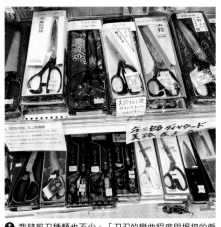

↑ 裁縫剪刀種類也不少。「刀刃的彎曲程度與握把的偏好等等，每一把剪刀都不同，因此請前來找出自己的喜好。」店主兩岡先生這樣表示。

↑ 家族經營的兩岡健商店，全家都是由衷喜愛刀具的溫柔人士。「也能幫忙磨刀。若覺得刀子不鋒利時，請找我們。」

↑ 製作布包專用的工具及雙面膠，Vinymo（#30線）、黏膠等，整套齊全。

能找到想要的拉鍊！ MAP→03

不擅長接縫拉鍊的人，請務必前往！拉鍊專賣店「K- fastener」以服裝廠商為主客戶，日本各地想要找尋喜愛拉鍊的手藝・裁縫作家也是店中常客。即使是拉鍊新手，拉鍊的挑選、訂購等也會得到溫柔細心的教導，因此請不用擔心。不定期舉行的工作坊也相當受到歡迎，「拉鍊拔齒的小技巧」等，為拉鍊特製的專賣店限定內容不可錯過。詳情請見IG或網站。

↑ 店面的特價專區。皮布邊、帆布和拉鍊等，不時會發現「竟然有這個！」可以便宜入手的好物，請務必親自到訪逛逛！

↑ 本誌人氣連載的布包作家冨山朋子老師推薦品：布包用羅紋織帶，這裡的顏色也很齊全，可按布料顏色自行選擇。

↑ 從天花板到地板，全都是各式各樣的拉鍊！雖然很震撼，但不用害怕！一定可找到想要的拉鍊。

K- fastener
東京都台東區 前4-10-3
http://www.k-fasuna.server-shared.com
⊙ @k.fasuna8871
🕘 9點～16點半　※午休12點～13點
🏠 週六・週日公休

💬 拉鍊的煩惱K- fastener替您解決！除了店面，亦可透過網站或傳真下訂。

請教我！ 拉鍊的訂購方式

由於拉鍊的種類比想像中的還多，在K- fastener基本上是一條一條訂購。若有參考樣品，帶到店面詢問「和這個同樣種類的有哪些？」也沒問題。難以選擇時，可以一邊參考目錄一邊與店家討論，因此讓人相當放心。交期約3週，所以請提早訂購。

↑ 在店內發現「真皮零碼布塞到飽專區」！

口金副料類就交給它！ MAP→04

尺寸、款式、顏色、材質，各種類型的口金和副料齊全，創業95年的口金老店「角田商店」。因優質且專業的商品齊全，深受手藝作家及創作者的信賴。店中販售市面少見的黃銅口金及配件等，能讓人激起想作出更好作品的欲望。還有附紙型&作法的口金配件包，可運用你手邊現有布料進行製作，也很推薦給新手。

角田商店
東京都台東區鳥越2-14-10
https://www.tsunodaweb.shop
⊙ @tsunoda.shouten
🕘 9點～17點（週一～週五）
🏠 週六・週日・國定假日公休（有夏季特休・年末年初公休）

↑ 提把用的襯布與接著襯等素材也都是以小包裝販售，方便購買。

↑ 宛如「提把百貨」的店面，陳列著木頭、竹子、塑膠等各種材質的布包提把。

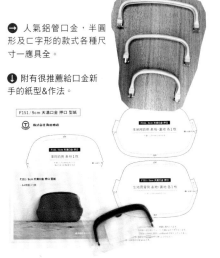

⊖ 人氣鋁管口金，半圓形及ㄈ字形的款式各種尺寸一應具全。

↑ 附有很推薦給口金新手的紙型&作法。

可以找到一直在找的布料！ MAP→05

說到淺草橋・藏前界隈獨一無二的布料店，首推COTTONE FAMILY。
一樓是美國棉布與日本製印花布，二樓則是琳瑯滿目的歐洲進口家飾布。總數超過1,700種圖案。店中總有從日本各地前來，想找尋他處沒有布料的手藝愛好者。線上商店的品項也很豐富，喜愛布料者一定要到網站上去看看！

❶ 店面二樓，以ILIV（英國）、ARTIGA THEVENON（法國）為首，全都是樣式美麗的進口布料。

COTTON FAMILY

東京都台東區柳橋2丁目2-1 村山大樓1・2樓
https://cotton-family.com/
🕙10點〜16點（週一〜週五）
🈺週日、第2個週六、國定假日
（週日、第2個週六、國定假日）

➡ 法國Artiga公司的巴斯克編織布。使用在Espadrilles（布鞋）上。由於是堅挺、厚實且柔韌的布料，因此適合製作單層構造的波奇包。

❶ 陳列於一樓，用於小物製作特別實用的零碼布也必逛！由於可找到進口的美麗圖案，所以請務必走一遭實體店面。

おぎはら的配件尋找方式

盒子正面	盒蓋背面

盒子正面：
配件編號
配件尺寸
カ309-10mm
配件樣本

盒蓋背面：

R3年	6/28〜	
	カ-309- 10	配件編號
G/N	53	
G/G	59	
N	45	
AT	36	
BP/N	41	
BP/BP	44	
生地/N	30	
GST/N	68	
NST/N	66	
トソー	5円	價格

配件顏色、種類

可依用途&尺寸選擇多樣化的配件五金 MAP→06

D型環、問號鉤、裝飾副料等，各種五金配件齊全。緊密堆疊至天花板的盒子，正面貼有內容物的配件樣品及編號；先從盒側的樣品確認，若有想要的配件就將整個盒子取出（架子上方或不易拿取的盒子，店員可迅速為您取出♪），再購買所需數量。依這樣的購買模式採購吧！價格則請見盒蓋背面的價目表。

おぎはら（Ogihara）

東京都台東區三筋1-1-14
https://www.ogihara-co.jp
LINE：kanagu-ogihara
🕙9:00〜17:30
🈺每週六、週日、國定假日
※由於週六不定期公休，亦有可能營業，因此請來電詢問。

❶ 入口旁陳列的特價品區，一定要逛！有少見的口金、提把等，或許可挖到寶。

❶ 鉚釘、雞眼釦、掛勾類，皆以小包裝販售，方便購買。也有安裝工具及底座等，可整套購足的便利性讓人格外開心。

若能記下喜歡的配件編號、尺寸及顏色，下次購買時就會很迅速。還可以透過店家的LINE直接訂購。

在專家愛用的 店家購物 `MAP→08`

布包提袋專業人士會光顧的資材店。除了有布包及波奇包用的襯布、內裡、縫包專用線，與各種織帶等專業等級素材之外，還有以低於市價供應的店主本間先生，受到其豪邁氣質所吸引而前來的粉絲也相當多。無論是襯或織帶，最少1m，需以1m為單位進行裁剪販售。

❶ 強度佳，可漂亮車縫厚物的車縫線 Vinymo#30，色彩也很齊全。

❶ 能讓布包成成品立刻升級的山東府稠裡布及專業級織帶，種類相當齊全。

❶ 張貼於店門口的這張招牌很具代表性！

ホンマ産業（Homma産業）
東京都台東區三筋1-4-5
https://hommasangyo.jimdofree.com
🕙 10點～16點（週一～週五）
🚫 週六・週日・國定假日
（有夏季特休・年末年初公休）

滿滿優質皮帶 `MAP→07`

說到皮布及皮帶，品質可說是天差地別。使用優質皮帶製作的作品，能夠提升作品的檔次。「皮布要在マルジュウ（丸十）買」也有很多這樣指定的創作者。那是過去曾聚集了許多鞋包工廠的藏前地區，深受專家青睞的證明。

❶ 皮帶類最少1m，需以1m為單位進行進行裁剪購買。

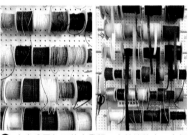

❶ 自家公司加工的皮帶類，由於接縫少、方便使用，而擁有高度評價。色彩選擇也相當豐富。

❶ 店面特價專區必看！

マルジュウ（丸十）
東京都台東區三筋1-1-14
https://maruju.jimdofree.com
🕙 10點～16點（週一～週五）
🚫 週六・週日・國定假日
（有夏季特休・年末年初公休）

⬅ 最近爆紅的是自製皮革小物。使用優質皮布邊，在店內工坊內一件一件手工製作。據說還有大量購買當成贈禮的客人。

淺草橋～藏前 手藝批發街巡禮 MAP `TOPICS!`

☑ **散步地圖**
於淺草橋地區中心1F，淺草橋、藏前、鳥越、柳橋的部分店舖發送的「淺草橋散步地圖」非看不可！清楚地整理了推薦的店舖與歷史景點。還有電子版可以上網下載，請務必看看喔！
https://asakusa-minami.jp/buraburamap/

☑ **Marronnier祭**
5月11日（週六）・12日（週日）於Hulic淺草橋大樓舉辦。能同時看到姊妹市的物產展以及淺草橋～藏前界限推薦店家的快閃店。

☑ **MONOMACHI(物町)**
5月24日（週五）・25日（週六）・26日（週日），於台東區南部區域（跨越御徒町～藏前～淺草橋的2km見方地域）的店家，舉辦的限定工作坊或特賣會等活動。是很適合輕鬆逛街的活動！
https://monomachi.com/

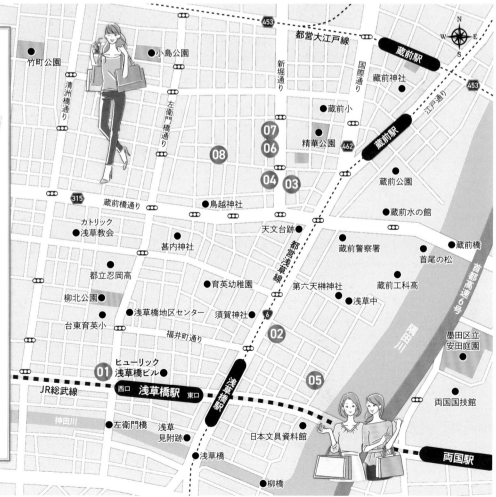

輕盈春季的
拉克蘭袖外套

攝影＝回里純子　造型＝西森 萌
妝髮＝タニジュンコ　模特兒＝EILEEN

縫紉設計師坂內鏡子老師，使用從薄布到厚布都能漂亮車縫的可靠縫紉機「極」，製作了衣櫃有一件就能立刻擴大穿搭範圍，想在今年春天穿上的外套單品。

No.13 ITEM｜大托特包
作法｜P.60

物品較多時，也能大量裝袋的方便托特包。即使是較厚的10號石蠟帆布，使用大馬力的縫紉機「極」，也能夠順暢縫製。長54㎝寬5㎝的寬提把，無論肩背或手拿都剛好。內側還有可收納零散物品或重要物品的內口袋。

A・表布＝石蠟樹脂防水加工10號帆布（＃1050-7・OD）
B・表布＝石蠟樹脂防水加工10號帆布（＃1050-4・茶色）
／富士金梅®（川島商事株式会社）

No.14 ITEM｜拉克蘭袖外套
作法｜P.66

外觀俐落，能穿出成熟風味的單層結構拉克蘭袖外套。以好釦、好穿脫的四合釦作成雙排釦樣式。脫下時或掛在包包上時，露出的印花布貼邊滿足了喜愛漂亮小設計的心願。

C・表布＝棉厚織79號（＃3300-17・揚塵灰）
D・表布＝棉厚織79號（＃3300-15・深藍）
／富士金梅®（川島商事株式会社）

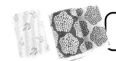

攝影＝回里純子　造型＝西森 萌　妝髮＝タニジュンコ　模特兒＝EILEEN

自由自在 搭配組合！

疊緣的春色手作

疊緣品牌FLAT與網路布料店nunocoto fabric人氣品牌聯名的新疊緣上市。
立刻用來製作布包或波奇包吧！

〔疊緣簡約托特包S〕
疊緣＝梅饗宴（焦糖色）／FLAT（高田織物株式會社）
表布＝棉100帆布（幻影・白色）
裡布＝棉100Lawn（梅饗宴・粉紅米色）／nunocoto fabric

〔疊緣簡約托特包M〕
疊緣＝Mimosa（綠色）／FLAT（高田織物株式會社）
表布＝棉100帆布（letter big・葉綠色）
裡布＝棉100Lawn（Mimosa花束mini・白色）／nunocoto fabric

左・疊緣＝梅饗宴（焦糖色）／FLAT（高田織物株式會社）
右・疊緣＝梅饗宴（藍色）／FLAT（高田織物株式會社）

〔疊緣簡約托特包M〕
疊緣＝梅饗宴（藍色）／FLAT（高田織物株式會社）
表布＝棉100帆布（水彩直條紋・藍色）
裡布＝棉100Lawn（繡球花・藍色）／nunocoto fabric

No.16 ITEM｜疊緣筆袋　作法｜P.65

使用約50cm疊緣製作的筆袋。除了文具，也適合收納鉤針或簡易
縫紉用品。拉鍊就配合疊緣色彩來挑選吧！

No.15 ITEM｜疊緣簡約托特包S・M　作法｜P.72

提把、貼邊、包底皆使用疊緣，兼具補強＆設計點綴之用。S尺寸
用於散步包或裝便當都剛剛好。L尺寸亦可用於外出或住宿一晚的
旅行。

本次使用的是喜愛的布料店 Colonial Check推薦的庫存出清品花卉布料。活用其具清爽成熟感的大花朵圖案，搭配植鞣革皮帶、黃銅製品的鉚釘，連細節都非常講究，製作成小巧的托特包。

表布＝英國製棉麻布（Daisy Cream）
／Colonial Check

製作精良的布包與 小物LESSON帖

布包講師・冨山朋子好評連載。將為你介紹活用私房布料，製作講求精細作工及實用性的布包。

攝影＝回里純子　造型＝西森 萌　妝髮＝タニジュンコ　模特兒＝EILEEN

裡布使用了自黏式山東府綢，黏貼於表布內側之後車縫。較低調的光澤，以及恰到好處的挺度是其優點。

提把長約42cm。即使手提也不會碰到地面，長度剛剛好。

Q.1　材料在哪購買？

A.1 由於是造型簡單的托特包，因此材料選擇要特別講究。透過追求細節，就能提升布包質感。

表布＝英國製棉麻布（Daisy Cream）→Colonial Check

裡布＝內裡用山東府稠黏貼襯（自黏式）→P.19 Homma產業

皮革條＝滾邊用皮帶20mm寬（植鞣革）→P.16マルジュウ（丸十）

鉚釘＝挽物鉚釘 12mm 黃銅無垢（E131）→P.17角田商店

Q.2　有推薦的線＆針嗎？

A.2 線使用厚布專用＃30。布包專用車縫線Vinymo＃30不但強韌，針腳也不易分岔脫線，能漂亮地車縫，非常推薦。針使用中厚布專用14號，難以車縫時則使用16號。車縫皮革部分時，使用針頭如刀子般的皮革針，即使一般車縫針難以穿過的皮革材質也能輕易地車縫。

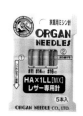

家用車縫針 皮革用

針＝organ株式會社

工業用車縫針 皮革用

Vinymo→P.17・19 K-fastener・角田商店・Homma產業皆可購買。

讓人開心又期待的帽子製作書

可輕鬆可正式的漁夫帽型、帽簷弧度充滿魅力的淑女帽、
適合日系穿搭的船夫帽、具有歐式時尚風格的報童帽與海軍帽、
可愛又俏皮的貝雷帽、休閒又帥氣的棒球帽……
參考書中的作品，隨你的喜好變化，
做出一頂符合你心意的帽子吧！

設計師的帽子美學製作術
以20款手作帽搭配出絕佳品味

赤峰清香◎著
平裝／72頁／21×26cm
彩色＋單色／定價480元

赤峰清香的
布包物語

布包作家赤峰清香老師認為，轉換心情就靠閱讀！將在每一期伴隨親筆寫下的感想文，向大家介紹想要推薦的喜愛書籍，並製作取其內容為創作意向的設計包款。請和介紹的書籍一同享受企劃主題「布包物語」。

攝影＝回里純子　造型＝西森萌　妝髮＝タニジュンコ　模特兒＝EILEEN

背包背面分割成3格的大口袋，使用特別方便。

從綁繩信封獲得靈感所設計的托特包。與此次介紹的書有關，L尺寸是連畫布等畫材也能攜帶的大尺寸，S・M尺寸則適合一般日常使用。肩帶長度亦可根據喜好調整。

〔S・M・L共通〕
表布＝11號帆布（＃5000-24・冰灰色）
裡布＝棉厚織79號（＃3300-9・銀灰色）
配布A＝11號帆布（＃5000-2・米白色）
[S]配布B＝11號帆布（＃5000-9・紅色）
[M]配布B＝11號帆布（＃5000-28・砂礫米）
[L]配布B＝11號帆布（＃5000-28・阿拉伯藍）／皆為富士金梅®（川島商事株式会社）
雞眼釦＝5mm（542371）／株式會社Misasa／Prym Consumer Japan

赤峰小姐不私藏傳授！

皮革配件的堅持

講究配件是提升手作包完成度的重點。用來固定布包的鈕釦與綁繩，是位於東京淺草的提包設計師•野谷久仁子老師工作室為本作品專門製作。使用未染色＆塗裝的高級植鞣革，用越久越有味道。

植鞣革鈕釦・植鞣革繩
／Kuniko'Factory

※ 暫譯：吉維尼的餐桌

《ジヴェルニーの食卓》

原田マハ◎著　集英社文庫

不知大家心中重要的書是什麼呢？對我來說，重要的書有2本。其中1本就是原田マハ的《ジヴェルニーの食卓》。說到マハ老師的這本書，起初是因為平面展示在書右側布注意到它，但對於美術十分陌生的我來說，還不致於會主動去閱讀。

然而！Cotton Friend總編根本小姐成為我閱讀マハ老師這本書的契機。2019年12月24日，那天是我的書《仕立て方が身に付く手作りバッグ練習帖（暫譯：學會縫法 手作包練習帖）》的作品拍攝日。在手忙腳亂之中總算平安完成拍攝，正鬆了一口氣時，「辛苦了。聖誕快樂！」從根本小姐那收到的就是《ジヴェルニーの食卓》。

這本書是以名留美術史的著名畫家馬蒂斯、竇加、塞尚、莫內為主題的四篇短篇集。美術愛好者不說，也特別推薦給像我這樣對美術不大了解但有興趣的人，我覺得能更加深對美術的興趣並增加知識。事實上，我也因此前往美術館參訪了！

無論哪個故事皆溫暖且令人印象深刻。在閱讀的同時，會為畫家感到苦惱，也被無限的熱情所感動，同時光影與色彩也洋溢於眼前。其中我特別喜愛莫內的故事。從選女布蘭什為首，守護著莫內的人們總是柔和溫暖，而這跟莫內的性格脫不了關係，因此環繞著莫內的世界極受所包圍。我希望有一天能造訪吉維尼，當然也要帶著教會我美術樂趣的這本書一起。

那麼，從本書能想像到的非這個莫屬了——攜帶畫布或素描本專用的包包。將包包本體當成畫布，自由地揮灑你喜愛的色彩，或在作為點綴的壓線色彩上作變化也很不錯。請把自己當成畫家，依個人想法享受色彩搭配＆製作布包吧！

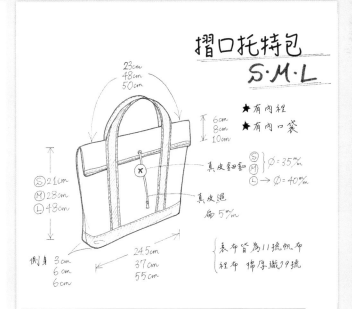

摺口托特包
S・M・L

★有內裡
★有內口袋

23cm / 48cm / 50cm

下 6cm / 8cm / 10cm

(S) 21cm
(M) 28cm
(L) 48cm

真皮鈕釦
(S) Ø=35%
(M)
(L)→ Ø=40%

真皮繩 扁 5%

側身 3cm / 6cm / 6cm

24.5cm / 37cm / 55cm

表布皆為11號帆布
裡布 棉厚織79號

profile　**赤峰清香**

文化女子大學服裝學科畢業。於VOGUE學園東京、橫濱校以講師的身分活動。近期著作《仕立て方が身に付く手作りバッグ練習帖（暫譯：學會縫法 手作包練習帖）》Boutique社出版、《設計師的帽子美學製作術：以20款手作帽搭配出絕佳品味》繁體中文版／雅書堂出版，內附能直接剪下使用的原寸紙型，以豐富的步驟圖解讓人容易理解而大受好評。

@sayakaakaminestyle

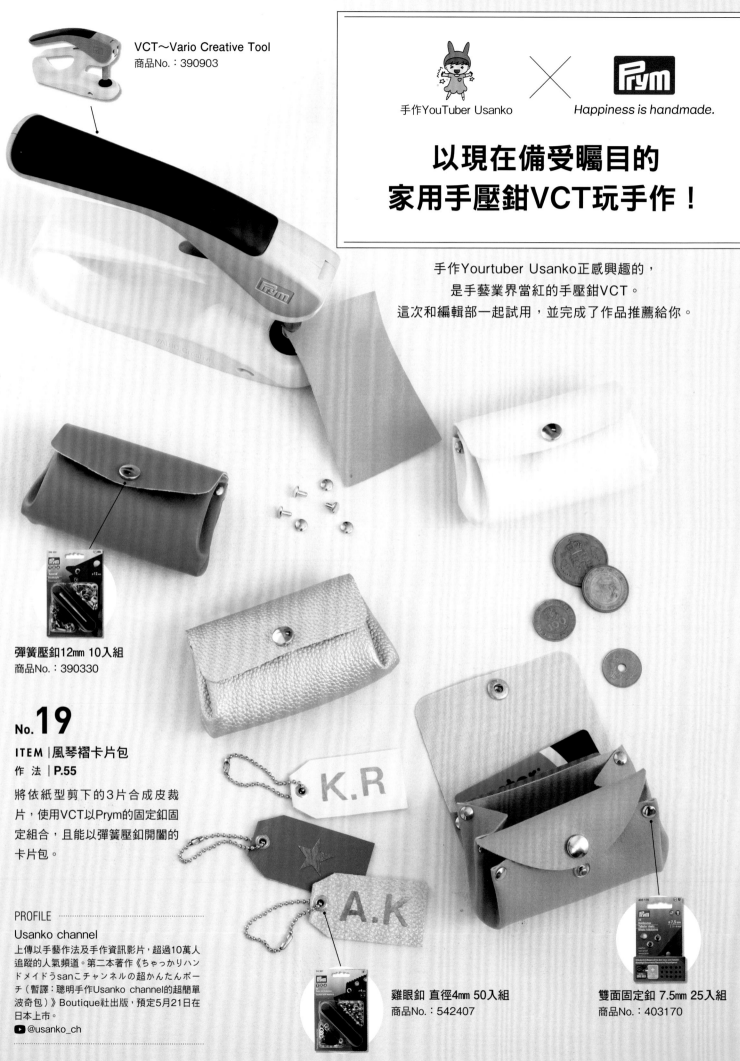

VCT～Vario Creative Tool
商品No.：390903

手作YouTuber Usanko × Prym
Happiness is handmade.

以現在備受矚目的
家用手壓鉗VCT玩手作！

手作Yourtuber Usanko正感興趣的，
是手藝業界當紅的手壓鉗VCT。
這次和編輯部一起試用，並完成了作品推薦給你。

彈簧壓釦12mm 10入組
商品No.：390330

No.19

ITEM｜風琴褶卡片包
作法｜P.55

將依紙型剪下的3片合成皮裁
片，使用VCT以Prym的固定釦固
定組合，且能以彈簧壓釦開闔的
卡片包。

K.R

A.K

PROFILE

Usanko channel
上傳以手藝作法及手作資訊影片，超過10萬人
追蹤的人氣頻道。第二本著作《ちゃっかりハン
ドメイドうsanこチャンネルの超かんたんポー
チ（暫譯：聰明手作Usanko channel的超簡單
波奇包》》Boutique社出版，預定5月21日在
日本上市。
▶ @usanko_ch

雞眼釦 直徑4mm 50入組
商品No.：542407

雙面固定釦 7.5mm 25入組
商品No.：403170

攝影＝腰塚良彦　藤田律子

和Usanko 一起作！

以VCT迅速製作的風琴褶卡片包

準備材料
合成皮40×20cm
雙面固定釦 直徑7.5mm 8組
彈簧壓釦 直徑12mm 3組

VCT本體附件‧打孔丸駒

1

在VCT本體安裝打孔丸駒，在依紙型裁剪好的合成皮（本體‧隔層A‧隔層B）的開孔位置打洞。

2

在本體19處、隔層A、隔層B的3處開孔。

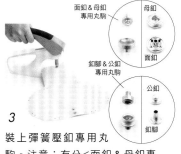

面釦＆母釦專用丸駒　母釦　面釦
釦腳＆公釦專用丸駒　公釦　釦腳

3

裝上彈簧壓釦專用丸駒。注意：有分＜面釦＆母釦專用丸駒＞及＜釦腳＆公釦專用丸駒＞。

4

彈簧壓釦安裝完成。

固定釦專用丸駒

5

將VCT下側的紫色丸駒拔下，換成固定釦專用丸駒。

頭側　足側

6

將固定釦足側穿入本體孔洞中，嵌入頭側之後再以VCT安裝。

7

將隔層A、B夾入安裝位置，並以固定釦固定。

8

完成。

Usanko的VCT體驗報告

將喜愛的零碼布製成布包或隔熱墊，再以VCT裝上雞眼釦或金屬壓釦。只是加上一個小點綴，感覺作品立即變得雅緻起來！

無論是打洞或安裝零件，VCT一台即可搞定，這點非常讚。輕巧不受場地限制也是讓人喜愛之處。

雖然會在意VCT本體的價格，但若將以前用過各種類型與尺寸的工具和底座全部考慮在內，像我這樣每天都在製作各種布物的人，應該會心動＆希望立即入手吧！

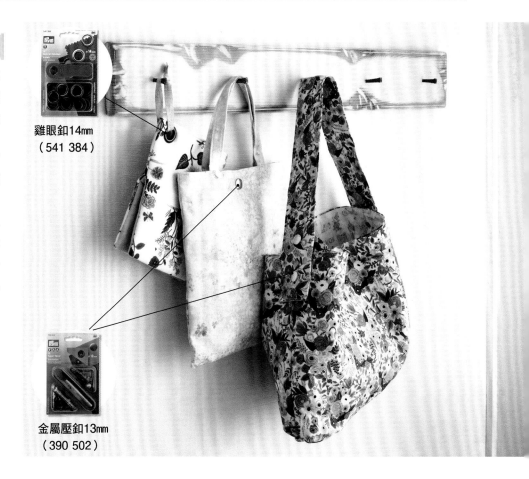

雞眼釦14mm
（541 384）

金屬壓釦13mm
（390 502）

No.**20** ITEM｜荷葉邊手提袋
作 法｜附錄別冊**P.41**

可愛荷葉邊的扁平式布包。尺寸可完整收
納Cotton Friend，提把長達50cm，是肩
背OK的好物。

左・表布＝LIBERTY FABRICS Tana Lawn
（Nancy's Orchard 117-02-218-003・米色）
右・表布＝LIBERTY FABRICS Tana Lawn
（Felicite Hello Kitty 117-02-155-003・薰衣
草）／Yuzaway

Sanrio吉祥物 ×
LIBERTY FABRICS

可愛♥手作

在LIBERTY FABRICS的人氣圖案中藏著三麗鷗吉祥物的時尚印花布，
由YUZAWAYA限定推出！

攝影＝回里純子　造型＝西森 萌

No.22 ITEM｜荷葉邊束口包　作 法｜**P.68**

以素色布料作拼接，襯托出可愛印花圖案的荷葉邊束口包。側身寬達8cm，因此放置時的穩定性也很優越。亦推薦當成午餐袋。

左・表布＝LIBERTY FABRICS
Tana Lawn（Hiding Dreams
117-02-221-003・藍色）
右・表布＝LIBERTY FABRICS
Tana Lawn（Nancy's Orchard
117-02-218-002・蘇打）
／Yuzawaya

No.21 ITEM｜支架口金波奇包　作 法｜**P.57**

夾入單膠鋪棉，再以直向絎縫壓線作出變化，使表布加倍搶眼的波奇包。在拉鍊旁穿入支架口金，打開時開口會大大地展開非常方便。

表布＝LIBERTY FABRICS
Tana Lawn（Melody's Party
117-02-220-001・粉紅色）
／Yuzawaya

｛Yuzawaya限定｝Sanrio吉祥物 × LIBERTY FABRICS

材質：棉100%（Tana Lawn）布料寬：約寬108㎝
※最少50㎝，需以10㎝為單位進行訂購。

Nancy's Orchard
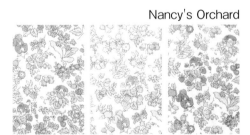
117-02-218-003　117-02-218-002　117-02-218-001

Apple Tree
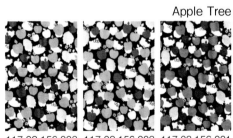
117-02-156-003　117-02-156-002　117-02-156-001

Felicite Hello Kitty
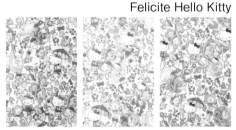
117-02-155-003　117-02-155-002　117-02-155-001

Hiding Dreams

117-02-221-003　117-02-221-002　117-02-221-001

Momoko Blackberry
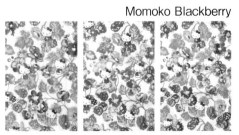
117-02-219-003　117-02-219-002　117-02-219-001

Melody's Party
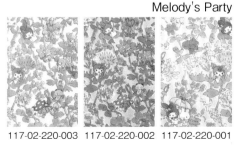
117-02-220-003　117-02-220-002　117-02-220-001

到完成為止！

有清楚易懂的示範影片

| 鎌倉SWANY |

鎌倉SWANY風格的
春季外出包

受到暖洋洋好天氣的吸引，
何不製作鎌倉SWANY風格的時尚布包出門走走呢？

攝影＝回里純子　造型＝西森 萌　妝髮＝タニジュンコ　模特兒＝EILEEN

No.23 **ITEM** │圓弧底鋁框口金包
作法│**P.76**

包口縫入鋁框口金的手提包。除了縫製作業
比拉鍊更簡單，可大大開闔包口，物品取放
輕鬆也是其魅力。

表布＝棉牛津布（IE3230-1）／鎌倉SWANY

作法影片看這裡！

https://youtu.be/
KmiYTv5Ecx8

長版

短版

作法影片看這裡！

https://youtu.be/
VUQ2gKIw1GA

No.24

ITEM｜中央拼接包 長版・短版
作 法｜P.75

以圓底的可愛感與穩定性為重點的布包。與本體一體成型的提把，短版設計顯得輕便小巧，長版則方便肩背。可變更長短享受製作樂趣。

長版・表布＝棉牛津布（IE3233-1）
短版・表布＝棉牛津布（IE3233-2）／鎌倉SWANY

作法影片看這裡！

https://youtu.be/
TliKNmqCk80

M

S

ITEM│寬側身立方托特包S‧M

No.25
作 法│**P.69**

側身寬闊，具有穩定性的托特包。在筆挺的方形包上添
加真皮提把，呈現出高級質感。

M‧表布=棉牛津布（IE3232-2）
S‧表布=棉牛津布（IE3232-1）／鎌倉SWANY

作法影片看這裡！

https://youtu.be/
BJbX8kO-jps

No.26 ITEM｜簡約托特包
作 法｜P.73

在提把＆底部以素色布料剪接，藉此襯托出時尚植物
印花。側身寬達15cm，因此不但比看起來更能裝，穩
定性也極優秀。

表布＝棉牛津布（IE3231-2）／鎌倉SWANY

盛開著金合歡的時尚祖母包。以素色布料
剪接，突顯花卉圖案吧！加上寬幅提把，
就算內容物滿滿也能輕鬆攜帶。

表布＝平織布（HBY-10005）
／有限會社Hobby Right

HIBIYA KADAN

以花店的花卉印花布迎接春天！

優質且品味出眾，頗具好評的花店「日比谷花壇」監製的花朵印花布料，這個春季初次登場！

就像在花店挑花一般，以「花店的花朵圖案」來享受手作樂趣如何呢？

© HIBIYA-KADAN

花店
的
花卉印花

HIBIYA-KADAN
【日比谷花壇監製布料】

將真花擁有的花之力＆想向贈花對象傳達的心意，皆以花朵圖案表現的日比谷花壇印花布料「花店的花卉印花」系列。由於有Lawn、平織布、棉麻牛津布三種布款，可配合作品選擇也是推薦重點。不僅外觀炫目華麗，還栩栩如生地傳遞了花卉與綠葉本身所具有的「季節感」＆「生命力」等訊息，明亮地繽紛了作品。

攝影＝回里純子　造型＝西森 萌　妝髮＝タニジュンコ　模特兒＝EILEEN

No.29
ITEM｜雙拉鍊肩背包
作 法｜**P.80**

© HIBIYA-KADAN

A

B

No.28
ITEM｜褶襉波奇包
作 法｜**P.78**

© HIBIYA-KADAN

適合裝入手機、錢包及手帕等隨身小物的肩背包。為了方便零散物品的取放，在正面特製非常便利的拉鍊口袋。

表布＝平織布（HBY-10004）／有限會社Hobby Right

以兩脇褶襉為裝飾重點的拉鍊波奇包。沿著弧線車縫的拉鍊與圓滾滾的陸蓮花圖案是最佳組合。

A・表布＝平織布（HBY-10006）
B・表表布＝平織布（HBY-10006）／有限會社Hobby Right

【Lawn】Defensive
Flowers-Pansy HBY-10002

【Lawn】
Grayish Ensemble HBY-10001

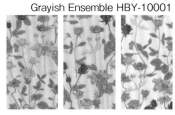

HIBIYA-KADAN
［花店的花卉圖案系列］

【Lawn】
布料寬：寬110cm
材質：棉100%

【平織布】
布料寬：寬110cm
材質：棉100%

【棉麻帆布】
布料寬：寬110cm
材質：棉85%・麻15%

【平織布】Blooming
Garden-Ranunculus HBY-10006

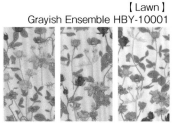

【平織布】Defensive
Flowers-Mimosa HBY-10005

【平織布】
Geometric-kobana HBY-10004

【Lawn】
OEKAKI HBY-10003

【棉麻帆布】Geometric-Cosmos
HBY-10010

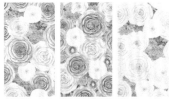

【棉麻帆布】Blooming
Garden-Spring HBY-10009

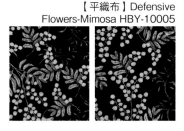

【棉麻帆布】Yummy
HBY-10008

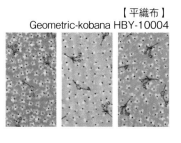

【平織布】Geometric-Dot
HBY-10007

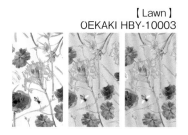

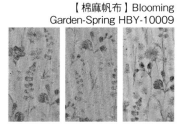

COASTER

在周圍裝飾上五顏六色的YOYO花，
就變身成華麗的杯墊。

使用型板：SS SIZE

縮縫零碼布

來作
YOYO花！

YOYO花是廣為人知的拼布技法。
使用Clover的「縮縫YOYO型板」，簡單就能作出可愛
的樣式。何不使用私藏的零碼布，享受製作YOYO花的
樂趣呢？

攝影＝回里純子（P.36） 腰塚良彥（P.37）
造型＝西森 萌 作品製作＝橋本よしえ

MINI BAG

排列字母並隨機布置YOYO花＆貝殼鈕釦，
來繽紛裝飾簡易的迷你布包。

使用型板：SS・S SIZE

BROOCH

以不同大小的YOYO花組合製作的胸
針。隨機縫在緞帶上的迷你YOYO
花，呈現出可愛搖曳的效果。

使用型板：SS・L・LL SIZE

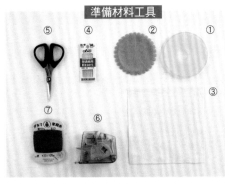

準備材料工具

①型版
②齒輪
①②為「縮縫YOYO型版」內容物
③布料（平織布）
④手縫針（Clover手縫針「絆 一般布專用」）
⑤拼布剪刀115　11.5cm
⑥桌上型自動穿線器
※輔助穿線相當方便的工具。
⑦手縫線

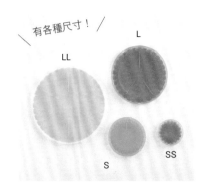

有各種尺寸！

LL　L　S　SS

縮縫YOYO型版
（LL・58-795）
（L・58-796）
（S・58-797）
（SS・58-798）
洽 Clover株式會社

※為了讓作法圖更清晰易懂，以下步驟示範使用紅線。

使用＜L＞尺寸型版進行示範解說。

4

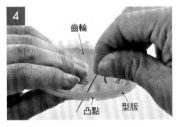

齒輪　凸點　型版

針穿線後打結。縫份倒向齒輪側＆以手指固定，從凸點旁的孔洞穿入針。

3

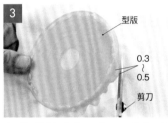

型版　0.3～0.5　剪刀

在型版外緣保留約0.3至0.5cm縫分，以剪刀裁布。

2

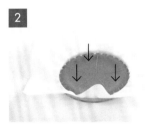

齒輪牢牢地插入型版中。

1

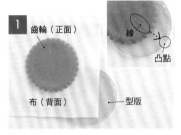

齒輪（正面）　線　凸點　布（背面）　型版

將布料＆齒輪重疊於型版上方。這時，要將齒輪的線對準型版凸點插入。

8

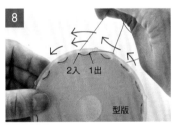

2入　1出　型版

最後進行疊縫。於一開始的長孔右端出針（1出），疊縫1針（要避免戳到線結）。

7

1出　型版

重複步驟5・6，縫一圈。注意：避免縫在長孔外側。

×

6

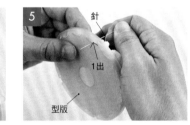

長孔　不縫凸點的孔　2入　1出　3出　4入　型版

從型版側出針（1出）。接著，從型版這側相同長孔的左端（2入）入針，從齒輪側出針。

5

針　1出　型版

從型版側出針。使用薄布時，由於齒輪與型版容易分離，需以手指緊緊捏住。

12

拉線頭，將縫份往內摺入，一邊調整褶皺一邊收縮。

11

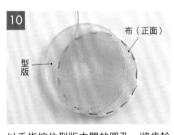

齒輪

將縫份上提展開，拔下齒輪。

10

布（正面）　型版

以手指按住型版中間的圓孔，將齒輪與型版分開。

9

型版側　齒輪側

縫合完畢。

作出各種尺寸吧！

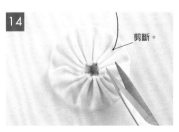

可並排串聯或重疊繡縫，YOYO花的用途非常多元！也很推薦以零碼布預作一些YOYO花存放備用。

15

完成！

調整圓形即完成。

14

剪斷。

將針穿入打結位置的褶襇內部，在稍遠處出針，使線結拉入褶襇內隱藏。剪斷線頭。

13

緊密地縮起後，用力拉線，並在邊緣牢牢地打結固定。

以繡線MOCO增色
春日花卉胸針

春日裝扮的點綴，選用花卉胸針如何呢？
就以質感蓬軟的MOCO繡線，來挑戰可愛的花刺繡吧！

攝影＝回里純子　造型＝西森 萌　妝髮＝タニジュンコ　模特兒＝EILEEN

No.30　ITEM｜春日花卉胸針
（四照花・粉蝶花・蒲公英）

作 法｜P.79

大花山茱萸、粉蝶花、蒲公英……可愛的春季花卉，
都以MOCO繡線納入胸針裡吧！即使是輪廓繡或法國
結粒繡等簡易的刺繡，使用1股粗度的MOCO繡線就
足夠作出鬆軟的手感。

No.30創作者

Yula

📷 @yula_handmade_2008

刺繡家，以花草與生活周遭小物為主題的繡圖相
當受歡迎。近期著作有《yulaの幸せの刺繡（暫
譯：yula的幸福刺繡）》日本Vogue社出版。

MOCO

以蓬鬆質感＆豐富的色彩變化為魅力的單股繡線。

材質：聚酯纖維100％／線長：10m／色數60色（單色）、20色（漸層）／使用針：法式刺繡針No.3

MOCO 色彩型錄

單色60色＋漸層色20色，全80色的時尚色彩。可於線上商店「糸屋san」購入。

MOCO 單色 60色組
（MOCO紙箱組B）

單色・全60色
各1片組

MOCO漸層色全20色組
（MOCO紙盒組D）

漸層色・全20色
各1片組

yula的
「春日花卉胸針」材料組登場！

大花山茱萸

粉蝶花　蒲公英

春日花卉胸針

內容：
刺繡線MOCO…3片
木框胸針底座
（直徑55mm）…1個
刺繡用法國亞麻布
接著襯
圖案・作法

春日花卉胸針使用的
MOCO色號＆繡法

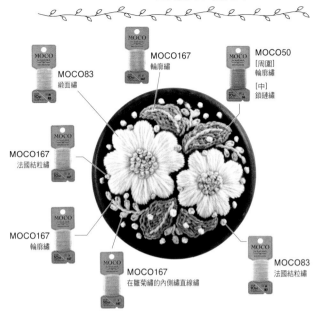

【大花山茱萸】
※法國結粒繡繞線2圈。

MOCO83 緞面繡
MOCO167 輪廓繡
MOCO50［周圍］輪廓繡［中］鎖鏈繡
MOCO167 法國結粒繡
MOCO167 輪廓繡
MOCO167 在雛菊繡的內側繡直線繡
MOCO83 法國結粒繡

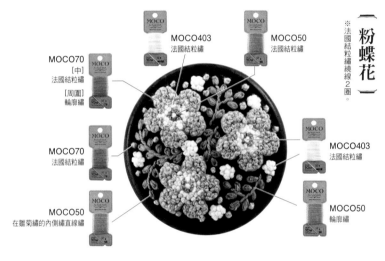

【粉蝶花】
※法國結粒繡繞線2圈。

MOCO403 法國結粒繡
MOCO50 法國結粒繡
MOCO70［中］法國結粒繡［周圍］輪廓繡
MOCO70 法國結粒繡
MOCO403 法國結粒繡
MOCO50 輪廓繡
MOCO50 在雛菊繡的內側繡直線繡

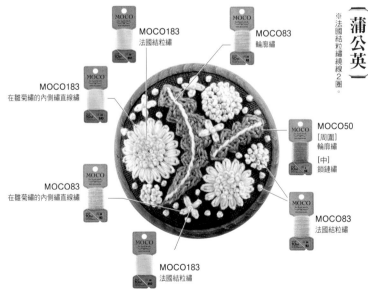

【蒲公英】
※法國結粒繡繞線2圈。

MOCO183 法國結粒繡
MOCO83 輪廓繡
MOCO183 在雛菊繡的內側繡直線繡
MOCO50［周圍］輪廓繡［中］鎖鏈繡
MOCO83 在雛菊繡的內側繡直線繡
MOCO83 法國結粒繡
MOCO183 法國結粒繡

買線＆材料組到這裡
Fujix線上購物
糸屋san
http://fujixshop.shop26.makeshop.jp/

糸屋さん

Fujix手作資訊網站
Sewing.com
https://fjx.co.jp/sewingcom/
X Ⓘ @fujix_info

そーいんぐ

線材洽詢
株式會社Fujix

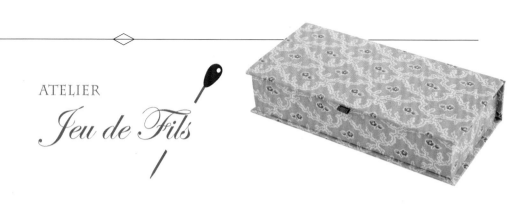

布・刺繡・針插

刺繡家・Jeu de Fils高橋亜紀的新連載開始！
透過總在手邊相伴，長年持續製作的「針插」，
傳遞布料的魅力、手作與刺繡的樂趣。

攝影＝回里純子　造型＝西森 萌

匯集滿滿的「喜歡」，特製的心形針插

契機是要製作可塞入贈禮布盒空隙處，稍微小於手心的針插。一開始作不出想要的形狀，因而重作了兩、三次；直到終於作出了喜歡的形狀，卻感覺特別地喜歡、捨不得送人，只好再作一個。而當我看著與庫存布邊及蕾絲擺在一起，從前繡好後總被說「太小了！太小了！」但又捨不得丟棄的作品時，意外察覺到這剛好就是適合愛心針插的尺寸。此發現讓我瞬間高興了起來，正式開始製作屬於我的愛心。

製作的訣竅是盡量選相同厚度與質地的布料，且為了盡可能讓愛心的形狀相同，以小針目細密地縫合，並仔細地熨燙之後再翻到正面。客人訂製物、禮品

或商品樣本內部大會塞入新的棉花或薰衣草，但大部分我製作的愛心，內容物是絲棉或剩餘的單膠鋪棉、線頭及零碼布等，塞滿了日常手作時製造出的角料。

完成的愛心，我會集中在大玻璃瓶內。雖然現在已經不知道作了多少個，但塞在玻璃瓶內的愛心，因為是喜愛色彩的布料與線的集合體，就算看再多次也不厭倦啊！

Jeu de Fils

刺繡家・高橋亜紀。自幼便對刺繡產生興趣，居住在法國期間，一面與各地手藝家交流，同時開始蒐集古老刺繡、布料以及資料。目前除了在工作室與文化中心舉辦講座，也持續發表作品。
⬜ @jeudefils

ITEM｜愛心針插
No.**31** 作 法｜P.60

鼓起臉頰吹著蒲公英棉絮的布偶裝兔子，是以輪
廓繡＆直針繡的簡單繡法描繪。內裡蓬鬆地塞入
柔軟的木棉，製作出溫柔的針插。

春浪漫
花*花手作

春天！花的季節來臨。一起來製作、使用、享受，
散佈著繽紛花卉的手作小物吧！

攝影＝回里純子 造型＝西森 萌 妝髮＝タニジュンコ 模特兒＝EILEEN

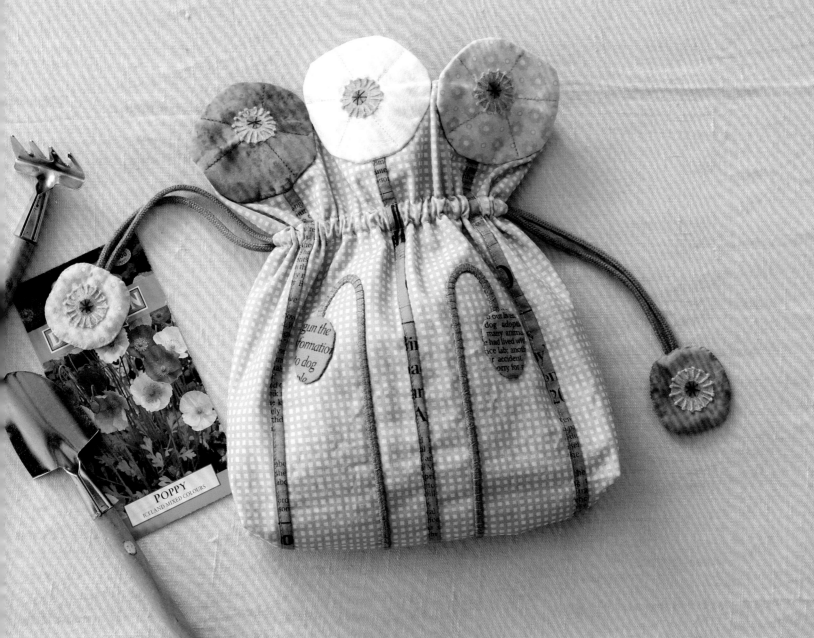

ITEM | 罌粟花束口袋
No.32 作法 | **P.84**

每次從大包包中拿出時，都能帶來如沐
春風般的好心情的花卉束口袋。以從罌
粟田中採下繽紛花朵為主形像設計，若
拉緊綁繩，就變得宛如罌粟花束一般。

No.32創作者
細尾典子
@norico.107

拼布・布物作家。以可感受到藝術精
髓的手工作品廣受歡迎。著作有《か
たちがたのしいポーチの本（暫譯：
有趣形狀的波奇包之書）》Boutique
社出版。

No.33

ITEM|帽子針插包
作法|**P.83**

巴掌大小的時尚寬簷帽，打開暗釦，可見
內裡的珠針收納布。帽頂部分由於塞有填
充棉，因此亦可當成針插使用。

No.34

ITEM|花籃針插包
作法|**P.82**

與**No.33**帽子針插包相同，打開掌心大小的
花籃，內部亦可收納珠針。由於還有小口
袋，因此很適合放入便攜式裁縫組。

No.33

No.34

No.33・34創作者

福田とし子
@beadsx2
從刺繡、編織到縫紉，全方位創作的手藝家。
負責手作宅配型錄「Couturier」的材料組設計。

No.35創作者

Hatuhanna

@hatsuhannah

和風布花作家。在東京都・西東京
市經營和風布花教室Hatuhanna工
坊。著作有《アトリエはつはんな
つまみ細工の花あしらい（暫譯：
Hatuhanna工坊 和風布花裝飾）》
Boutique社出版。

No.35 ITEM｜金合歡胸針
作法｜P.86

以黃色縮緬布包覆保麗龍球，製作宣告春
日來訪的金合歡花環胸針。金合歡的花語
是「感謝」。將作好的胸針送給平日照顧
自己的人，對方想必也會很開心的。

為心愛毛寶貝
穿上親手作的可愛衣服吧！

由日本狗狗服設計師山本真寿美，結合十多年的製衣經驗，所撰寫出的心血結晶。

全書收錄22款超可愛又方便行動的狗狗服＆散步小物，

有背心、連身裙、細肩帶上衣、Ｔ恤、大衣等……滿足你想為毛小孩打扮的心情！

並為特殊尺寸犬種如法鬥、義大利格雷伊獵犬、小臘腸犬等，打造專屬服裝。

本書介紹的服裝＆小物，除了個人使用，

還可以進行商業販售（但不可複製紙型進行販賣活動），是不是非常超值呢！

商用販售OK！
為狗寶貝打造22款時尚造型

山本真寿美◎著

平裝／80頁／21×26cm

彩色＋單色／定價480元

製作方法
COTTON FRIEND 用法指南

作品頁

一旦決定好要製作的作品，請先確認作品編號與作法頁。

作品編號

作法頁面

作法頁

翻到作品對應的作法頁面，依指示製作。

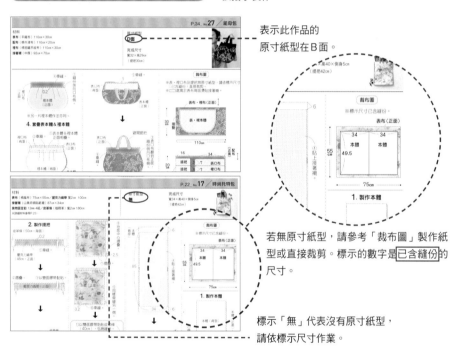

表示此作品的原寸紙型在B面。

若無原寸紙型，請參考「裁布圖」製作紙型或直接裁剪。標示的數字是 已含縫份 的尺寸。

標示「無」代表沒有原寸紙型，請依標示尺寸作業。

原寸紙型

原寸紙型共有A・B・C・D面。

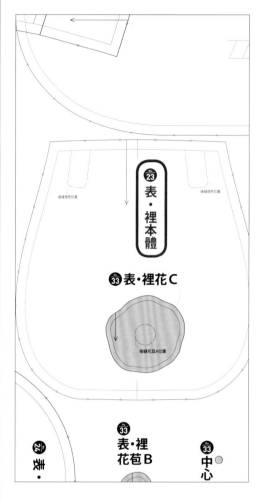

依作品編號與線條種類尋找所需紙型。

紙型 已含縫份 ，請以牛皮紙或描圖紙複寫粗線使用。

金屬配件安裝方式

https://www.boutique-sha.co.jp/cf_kanagu/

圖文對照的簡明解說固定釦（鉚釘）、磁釦、彈簧壓釦、四合釦及雞眼釦的安裝方式。

※亦收錄於繁體中文版《手作誌54》別冊「手作基礎講義」P.35至P.39。

下載紙型

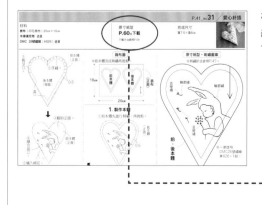

標示下載紙型的作品，可自行使用電腦等下載已含縫份的紙型。印出後即可直接裁切使用。有關紙型下載參照P.09。

原寸紙型
P.60或下載

下載方法參照P.09

基礎作法

拉鍊邊端摺成三角形的方法

<不以白膠黏貼時>

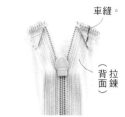

車縫摺疊部分。

其餘三處也依相同作法黏貼。

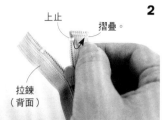

再往上摺成三角形以白膠黏貼，並夾上夾子直到白膠乾掉。

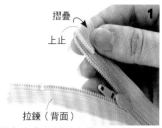

從上止處將拉鍊布帶摺向背側，以白膠黏貼。

斜布條兩端的處理方式

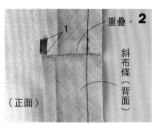

終縫端的斜布條與起縫端重疊1cm，其餘剪掉。不回針，結束車縫。

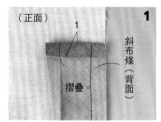

起縫處的斜布條摺疊1cm，不回針，直接前進車縫。

以四摺斜布條包邊的作法

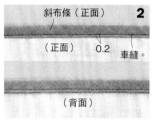

將斜布條翻到本體背面，遮住步驟1的針趾包捲縫份，再從正面車縫固定。

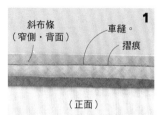

展開斜布條，將窄側邊對齊本體布端，在斜布條摺痕上車縫。

刺繡針法

緞面繡

1.從中央起，繡上半部。

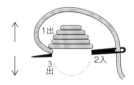

2.從中央起，繡下半部。

法國結粒繡

直線繡

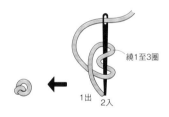

鎖鏈繡

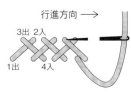

掛線

十字繡

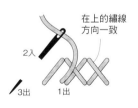

輪廓繡

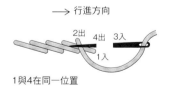

1與4在同一位置

千鳥繡

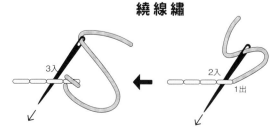

繞線繡

回針繡

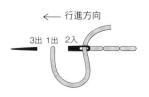

材料
表布（平織布）17cm×25cm
裡布（棉布）50cm×50cm
接著鋪棉（厚）40cm×15cm

原寸紙型
A或**下載**
下載方法參照P.09

完成尺寸
寬8×高12.7cm

1. 裁布

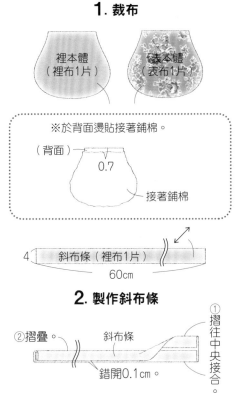

裡本體
（裡布1片）

表本體
（表本體1片）

※於背面燙貼接著鋪棉。

（背面）

0.7

接著鋪棉

4 斜布條（裡布1片）
60cm

2. 製作斜布條

②摺疊。

斜布條

錯開0.1cm。

①摺往中央接合。

3. 製作本體

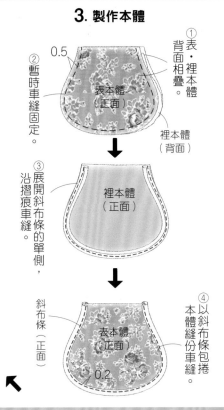

①表・裡本體背面相疊。

0.5

表本體
（正面）

裡本體
（背面）

②暫時車縫固定。

③展開斜布條的單側，沿摺痕車縫。

裡本體
（正面）

④以斜布條包捲本體縫份車縫。

斜布條
（正面）

表本體
（正面）

0.2

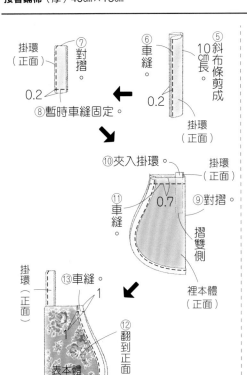

⑦對摺。

掛環
（正面）

0.2

⑥車縫。

⑤斜布條剪成10cm長。

掛環
（正面）

⑧暫時車縫固定。

⑩夾入掛環。

掛環
（正面）

⑨對摺。

⑪車縫。

0.7

摺雙側

裡本體
（正面）

掛環
（正面）

⑬車縫。

1

⑫翻到正面。

1

表本體
（正面）

材料
表布（平織布）25cm×15cm／**接著鋪棉** 10cm×5cm
填充棉 15g／**磁鐵** 直徑2cm 1個／**厚紙** 5cm×5cm
丸大串珠（白色）2個／**皇冠型花蓋** 直徑8mm 1個
玻璃串珠（透明）直徑3mm 1個／**絲針** 1根

原寸紙型
A或**下載**
下載方法參照P.09

完成尺寸
寬8×高7cm

裁布圖

※□處需燙貼接著鋪棉。
※──處將紙型翻面使用。

表布（正面）

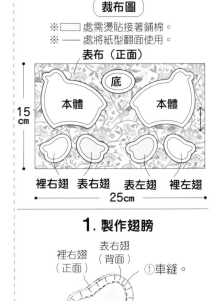

底

本體

本體

15cm

裡右翅　表右翅　表左翅　裡左翅

25cm

1. 製作翅膀

裡右翅
（正面）

表右翅
（背面）

①車縫。

0.5

返口2cm

②於縫份剪牙口。

2. 製作底部

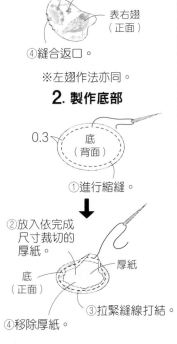

0.3

底
（背面）

①進行縮縫。

②放入依完成尺寸裁切的厚紙。

底
（正面）

厚紙

③拉緊縫線打結。

④移除厚紙。

③翻到正面。

表右翅
（正面）

④縫合返口。

※左翅作法亦同。

3. 組合本體

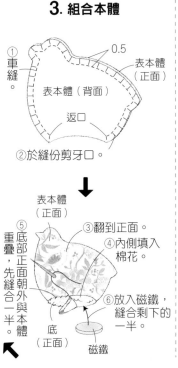

①車縫。

0.5

表本體
（正面）

表本體（背面）

返口

②於縫份剪牙口。

③翻到正面。

④內側填入棉花。

⑤底部正面朝外與本體重疊，先縫合一半。

表本體
（正面）

⑥放入磁鐵，縫合剩下的一半。

底
（正面）

磁鐵

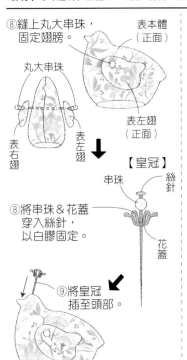

⑧縫上丸大串珠，固定翅膀。

表本體
（正面）

丸大串珠

表左翅
（正面）

表右翅

表左翅

【皇冠】

串珠

絲針

⑧將串珠&花蓋穿入絲針，以白膠固定。

花蓋

⑨將皇冠插至頭部。

材料
表布（平織布）110cm×40cm
裡布（平織布）80cm×25cm

原寸紙型
A面

完成尺寸
寬12×高22×側身10cm

---

4. 製作裡本體

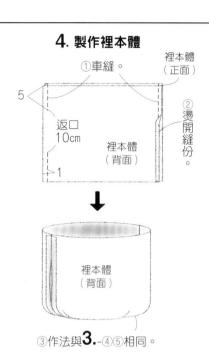

①車縫。
裡本體（正面）
5
返口 10cm
裡本體（背面）
1
②燙開縫份。

裡本體（背面）

③作法與**3.**-④⑤相同。

5. 套疊表本體＆裡本體

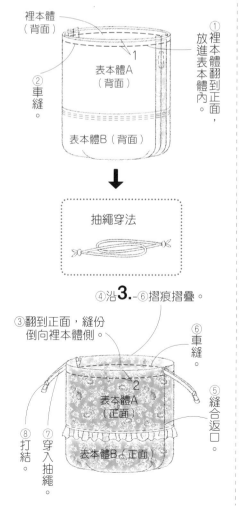

裡本體（背面）
1
表本體A（背面）
②車縫。
表本體B（背面）
①裡本體翻到正面，放進表本體內。

抽繩穿法

④沿**3.**-⑥摺痕摺疊。

③翻到正面，縫份倒向裡本體側。
2
表本體A（正面）
⑥車縫。
⑤縫合返口。
⑧打結
⑦穿入抽繩。
表本體B（正面）

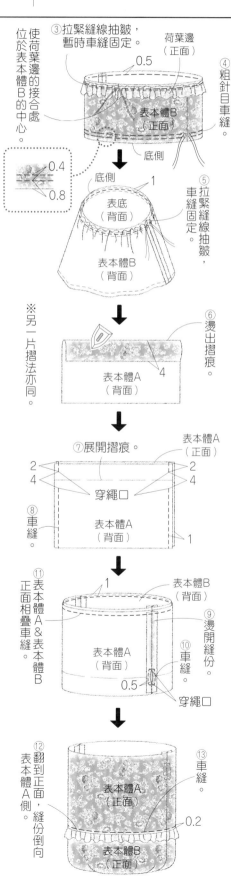

使荷葉邊的接合處位於表本體B的接合處的中心。

③拉緊縫線抽皺，暫時車縫固定。
0.5
荷葉邊（正面）
④粗針目車縫。
表本體B（正面）
底側

0.4
0.8

底側
表底（背面）
1
⑤拉緊縫線抽皺，車縫固定。
表本體B（背面）

⑥燙出摺痕。
表本體A（背面）
4

※另一片摺法亦同。

⑦展開摺痕。
表本體A（正面）
2
4
穿繩口
2
4
⑧車縫。
表本體A（背面）
1

⑪表本體A正面相疊車縫。
表本體B（背面）
1
表本體A（背面）
⑨燙開縫份。
⑩車縫。
0.5
穿繩口

⑫翻到正面，表本體A側，縫份倒向表本體B
表本體A（正面）
⑬車縫。
0.2
表本體B（正面）

※除了表・裡底之外無原寸紙型，請依標示尺寸（已含縫份）直接裁剪。

裁布圖

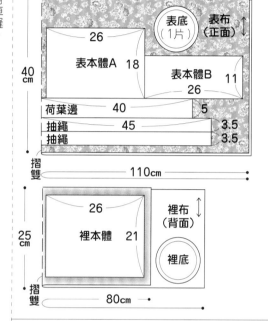

表底（1片）
表布（正面）
26
表本體A 18
表本體B 11
26
40cm
荷葉邊 40
5
抽繩 45 3.5
抽繩 3.5
摺雙 110cm

26
裡本體 21
25cm
裡布（背面）
裡底
摺雙 80cm

1. 製作抽繩

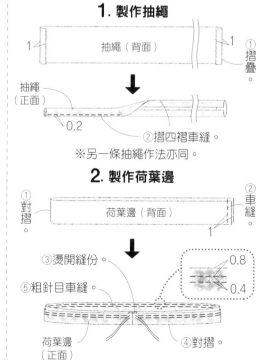

1
抽繩（背面）
1
①摺疊。

抽繩（正面）
0.2
②摺四褶車縫。

※另一條抽繩作法亦同。

2. 製作荷葉邊

①對摺
荷葉邊（背面）
②車縫。
1

③燙開縫份。
0.8
0.4
⑤粗針目車縫。
荷葉邊（正面）
④對摺

3. 製作表本體

①車縫。
表本體B（正面）
②燙開縫份。
表本體B（背面）
1

材料

表布（平織布）60cm×85cm

配布（平織布）70cm×80cm

接著鋪棉（硬）80cm×50cm

25號繡線（米白色、焦茶色、芥末色）適量

雙開線圈拉鍊（5C）40cm 1條

※拉鍊尺寸參照P.59。

原寸紙型
A面

完成尺寸
寬29.5×高24×側身9cm
（提把40cm）

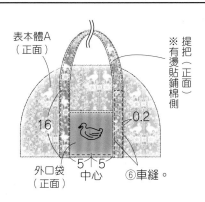

表本體A（正面）
※提把有燙貼鋪棉側
提把（正面）
16
5　5
中心
0.2
外口袋（正面）
⑥車縫。

※另一條提把也接縫於另一片表本體A。

3. 拉鍊接縫側身

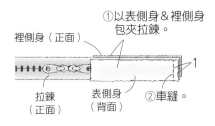

①以表側身＆裡側身包夾拉鍊。
裡側身（正面）
1
拉鍊（正面）
表側身（背面）
②車縫。

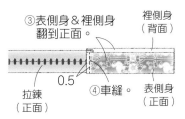

③表側身＆裡側身翻到正面。
裡側身（背面）
0.5
④車縫。
拉鍊（正面）
表側身（正面）

※另一側拉鍊端部作法亦同。

4. 製作表本體

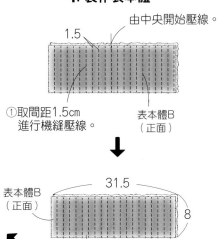

由中央開始壓線。
1.5
①取間距1.5cm進行機縫壓線。
表本體B（正面）

31.5
表本體B（正面）
8
②裁剪。

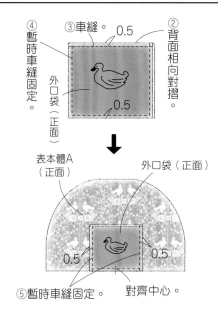

④暫時車縫固定。
③車縫。 0.5
②背面相向對摺。
外口袋（正面）
0.5

表本體A（正面）
外口袋（正面）
0.5　0.5
⑤暫時車縫固定。 對齊中心。

2. 製作提把

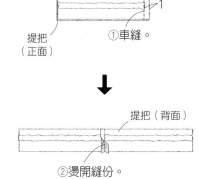

提把（背面）
☆側
1
①車縫。
提把（正面）

提把（背面）
②燙開縫份。

③摺往中央接合。

0.2
④對摺。
0.2
⑤車縫。 2.5

※另一條提把作法亦同。

裁布圖

※除了表本體A、裡本體、表・裡底之外無原寸紙型，請依標示尺寸（已含縫份）直接裁剪。

※□ 處需於背面燙貼接著鋪棉。

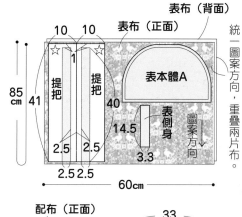

表布（背面）
10　10
表布（正面）
85cm 41
提把 1 提把
2.5 2.5
2.5 2.5
表本體A
40
14.5
表側身
3.3
統一圖案方向，重疊兩片布。
60cm

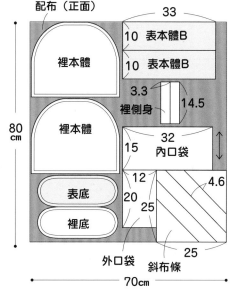

配布（正面）
33
10 表本體B
10 表本體B
裡本體
3.3
裡側身 14.5
80cm
裡本體
32 內口袋
15
12
表底
20
25
裡底
4.6
25
外口袋 斜布條
70cm

1. 製作外口袋

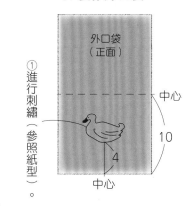

外口袋（正面）
①進行刺繡（參照紙型）。
中心
10
4
中心

50

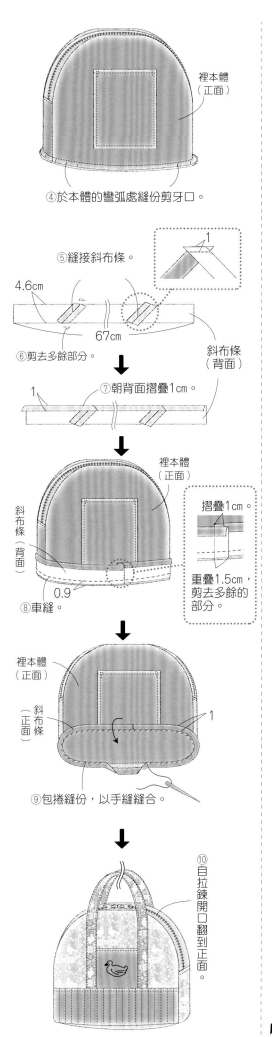

④於本體的彎弧處縫份剪牙口。

⑤縫接斜布條。

4.6cm

67cm

⑥剪去多餘部分。

斜布條
（背面）

⑦朝背面摺疊1cm。

1

裡本體
（正面）

摺疊1cm。

重疊1.5cm，
剪去多餘的
部分。

斜布條
（背面）

0.9

⑧車縫。

裡本體
（正面）

斜布條
（正面）

1

⑨包捲縫份，以手縫縫合。

⑩自拉鍊開口翻到正面。

6. 安裝拉鍊

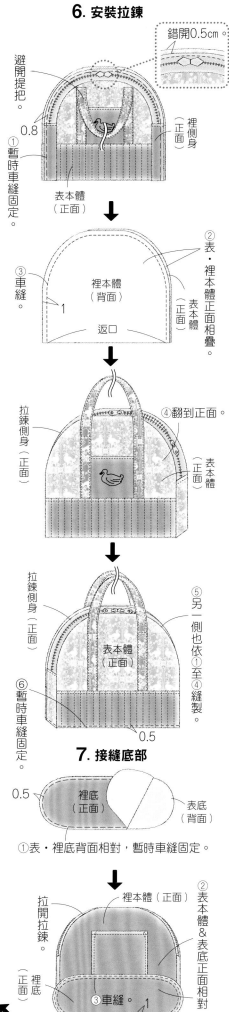

錯開0.5cm。

避開提把。

0.8

①暫時車縫固定。

表本體
（正面）

裡側身
（正面）

③車縫。

裡本體
（背面）

②表·裡本體正面相疊。

表本體
（正面）

返口

1

拉鍊側身
（正面）

④翻到正面。

表本體
（正面）

拉鍊側身
（正面）

表本體
（正面）

⑤另一側也依①至④縫製。

⑥暫時車縫固定。

0.5

7. 接縫底部

0.5

裡底
（正面）

表底
（背面）

①表·裡底背面相對，暫時車縫固定。

拉開拉鍊。

裡本體（正面）

②表本體&表底正面相對。

裡底
（正面）

③車縫。

1

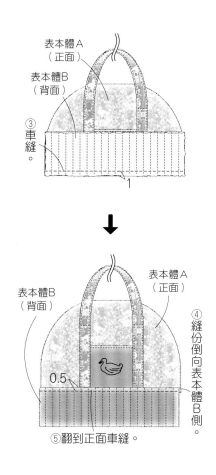

表本體A
（正面）

表本體B
（背面）

③車縫。

1

表本體B
（背面）

表本體A
（正面）

0.5

④縫份倒向表本體B側。

⑤翻到正面車縫。

※另一片表本體A&表本體B縫法亦同。

5. 縫上內口袋

②車縫。

1

內口袋
（背面）

①對摺。

返口
5cm

0.5

摺雙側

④車縫。

③翻到正面。

內口袋
（正面）

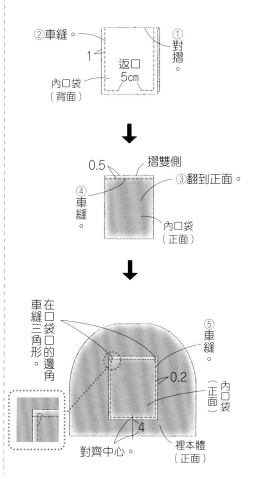

在口袋口的邊角車縫三角形。

⑤車縫。

對齊中心。

0.2

4

內口袋
（正面）

裡本體
（正面）

材料
表布（平織布）90cm×20cm／**裡布**（平織布）90cm×30cm
接著襯（中厚・硬）90cm×30cm／**接著鋪棉** 45cm×10cm
塑膠四合釦 13mm 1組
VISLON拉鍊（4VS）50cm 1條
※拉鍊尺寸參照P.59。

原寸紙型
A面

完成尺寸
寬23×高6×側身12cm

---

3. 安裝拉鍊

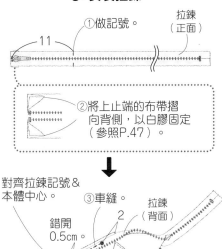

①做記號。
拉鍊（正面）
11
②將上止端的布帶摺向背側，以白膠固定（參照P.47）。

對齊拉鍊記號＆本體中心。
③車縫。
拉鍊（背面）
錯開0.5cm。
2
1
表本體（背面）
裡側身（正面）

4. 疊合表本體＆裡本體

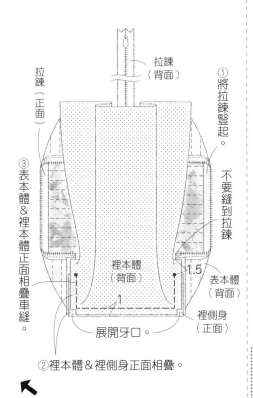

拉鍊（背面）
拉鍊（正面）
①將拉鍊豎起。
不要縫到拉鍊
③表本體＆裡本體正面相疊車縫。
裡本體（背面）
1.5
表本體（背面）
1
裡側身（正面）
展開牙口。
②裡本體＆裡側身正面相疊。

---

2. 製作表本體

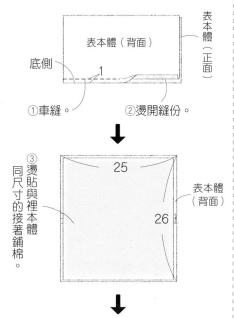

表本體（背面）
底側
表本體（正面）
1
①車縫。
②燙開縫份。

③燙貼與裡本體同尺寸的接著鋪棉。
表本體（背面）
25
26

④取間距1.5cm進行機縫壓線。

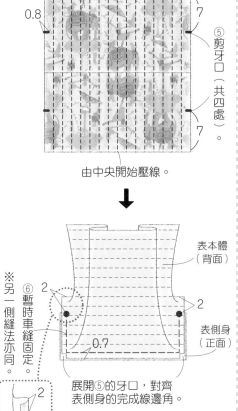

表本體（正面）
中心
1.5
0.8
7
⑤剪牙口（共四處）。
7
由中央開始壓線。

表本體（背面）
2
※另一側縫法亦同。
⑥暫時車縫固定。
0.7
表側身（正面）
裡側身（正面）
2
2
展開⑤的牙口，對齊表側身的完成線邊角。

裁布圖

※除了表・裡側身之外無原寸紙型，請依標示尺寸（已含縫份）直接裁剪。
※ ▨ 處需於背面燙貼接著襯。
※ □ 處需於背面燙貼接著鋪棉。

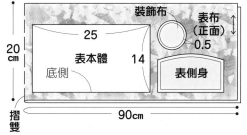

裝飾布
表布（正面）
20cm
25
表本體 14
底側
0.5
表側身
摺雙
90cm

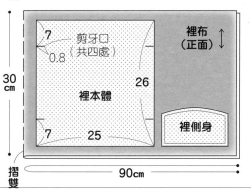

裡布（正面）
7
剪牙口（共四處）
0.8
30cm
裡本體 26
7
25
裡側身
摺雙
90cm

1. 製作側身

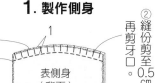

裡側身（正面）
1
②縫份剪至0.5cm，再剪牙口。
①車縫。
表側身（背面）

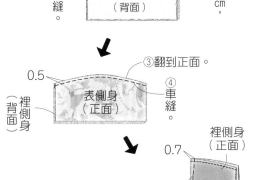

0.5
③翻到正面。
④車縫。
裡側身（背面）
表側身（正面）
裡側身（正面）
0.7
⑤對摺車縫。

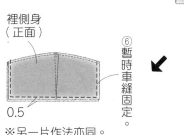

裡側身（正面）
0.5
⑥暫時車縫固定。
※另一片作法亦同。

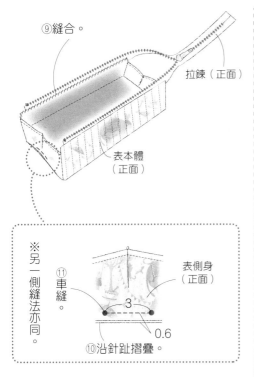

⑨縫合。

拉鍊（正面）

拉鍊（正面）

表本體（正面）

※另一側縫法亦同。

⑪車縫

3

0.6

⑩沿針趾摺疊。

表側身（正面）

5. 縫上拉鍊裝飾

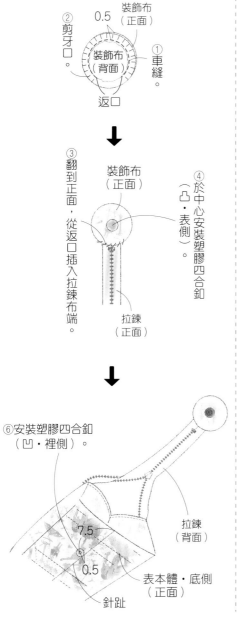

② 剪牙口。

0.5

裝飾布（正面）

裝飾布（背面）

① 車縫。

返口

③ 翻到正面，從返口插入拉鍊布端。

裝飾布（正面）

④ 於中心安裝塑膠四合釦（凸‧表側）。

拉鍊（正面）

⑥ 安裝塑膠四合釦（凹‧裡側）。

拉鍊（背面）

7.5

0.5

表本體‧底側（正面）

針趾

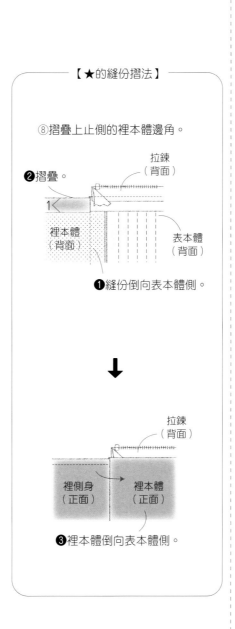

拉鍊（背面）

裡本體（正面）

裡側身（正面）

❸ 裡本體倒向表本體側。

【★的縫份摺法】

⑧ 摺疊上止側的裡本體邊角。

❷ 摺疊。

拉鍊（背面）

1

裡本體（背面）

表本體（背面）

❶ 縫份倒向表本體側。

拉鍊（背面）

裡側身（正面）

裡本體（正面）

❸ 裡本體倒向表本體側。

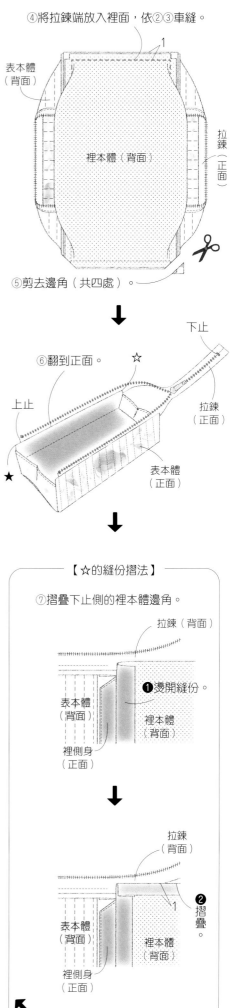

④ 將拉鍊端放入裡面，依②③車縫。

1

表本體（背面）

拉鍊（正面）

裡本體（背面）

✂

⑤ 剪去邊角（共四處）。

⑥ 翻到正面。

下止

上止

☆

★

拉鍊（正面）

表本體（正面）

【☆的縫份摺法】

⑦ 摺疊下止側的裡本體邊角。

拉鍊（背面）

表本體（背面）

❶ 燙開縫份。

裡本體（背面）

裡側身（正面）

拉鍊（背面）

表本體（背面）

裡本體（背面）

裡側身（正面）

1

❷ 摺疊。

材料
表布（CEBONNER®）90cm×60cm
配布（CEBONNER®）60cm×20cm／**裡布**（棉布）50cm×30cm
止汗帶 寬2.5cm 65cm／**圓鬆緊帶** 粗0.3cm 35cm
蠟繩 粗0.3cm 75cm／**問號鉤** 10mm 2個
雞眼釦 內徑4mm 2組／**繩扣**（雙孔） 2個

原寸紙型
A面

完成尺寸
頭圍58cm

3. 製作帽身

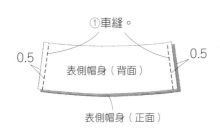

①車縫。
0.5
表側帽身（背面）
0.5
表側帽身（正面）

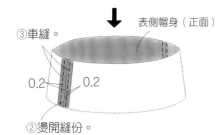

③車縫。
表側帽身（正面）
0.2　0.2
②燙開縫份。

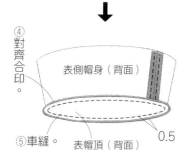

④對齊合印。
表側帽身（背面）
⑤車縫。
表帽頂（背面）
0.5

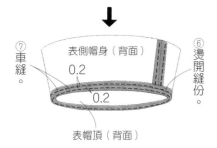

⑦車縫。
表側帽身（背面）
⑥燙開縫份。
0.2
0.2
表帽頂（背面）

※裡帽身也依①②、④至⑥縫製。

4. 縫上裝飾帶

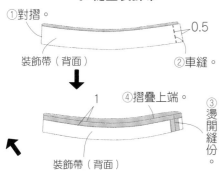

①對摺。
0.5
裝飾帶（背面）
②車縫。
③燙開縫份。
④摺疊上端。
1
裝飾帶（背面）

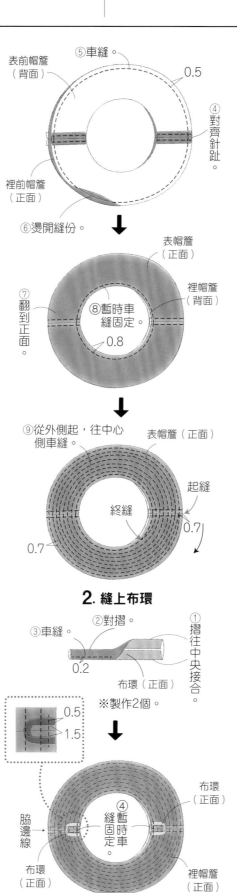

⑤車縫。
表前帽簷（背面）
0.5
④對齊針趾。
裡前帽簷（正面）
⑥燙開縫份。
⑦翻到正面。
表帽簷（正面）
裡帽簷（背面）
⑧暫時車縫固定。
0.8
⑨從外側起，往中心側車縫。
表帽簷（正面）
起縫
終縫
0.7
0.7

2. 縫上布環

③車縫。
②對摺。
0.2
①摺往中央接合。
布環（正面）
※製作2個。
0.5
1.5
脇邊線
布環（正面）
④暫時車縫固定。
布環（正面）
裡帽簷（正面）

※布環無原寸紙型，請依標示尺寸（已含縫份）直接裁剪。

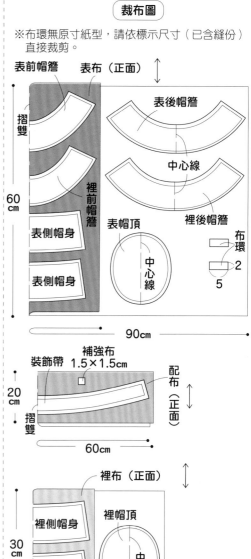

表前帽簷　表布（正面）
摺雙
表後帽簷
60cm
中心線
裡前帽簷
表側帽身
裡帽頂
表帽頂
中心線
表側帽身
裡後帽簷
布環
2
5
90cm

補強布 1.5×1.5cm
裝飾帶
20cm
摺雙
配布（正面）
60cm

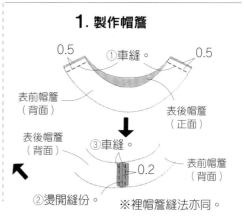

裡布（正面）
裡側帽身
裡帽頂
30cm
裡側帽身
中心線
摺雙
50cm

1. 製作帽簷

0.5
①車縫。
0.5
表前帽簷（背面）
表後帽簷（正面）
表後帽簷（背面）
③車縫。
表前帽簷（背面）
0.2
②燙開縫份。
※裡帽簷縫法亦同。

54

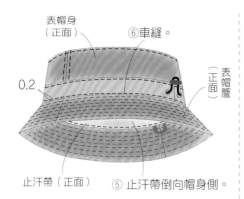

表帽身（正面）

⑥車縫。

表帽身（正面）

表帽簷（正面）

0.2

止汗帶（正面）

⑤止汗帶倒向帽身側。

6. 安裝帽繩

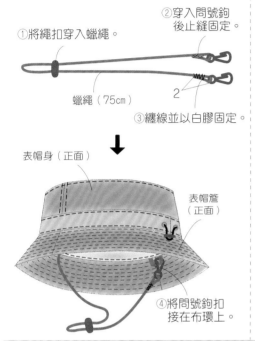

①將繩扣穿入蠟繩。

②穿入問號鉤後止縫固定。

蠟繩（75cm）

2

③纏線並以白膠固定。

表帽身（正面）

表帽簷（正面）

④將問號鉤扣接在布環上。

5. 接縫帽簷

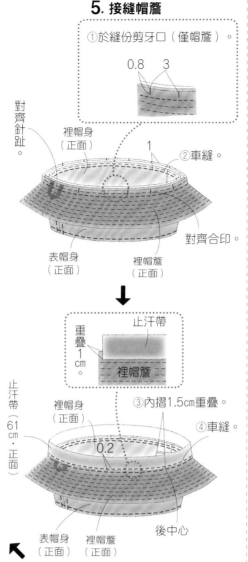

①於縫份剪牙口（僅帽簷）。

0.8　3

對齊針趾。

裡帽身（正面）

1

②車縫。

表帽身（正面）

裡帽簷（正面）

對齊合印。

止汗帶（61cm·正面）

重疊1cm。

止汗帶

裡帽簷

③內摺1.5cm重疊。

裡帽身（正面）

0.2

④車縫。

表帽身（正面）

裡帽簷（正面）

後中心

表帽身（正面）　裡帽簷（正面）

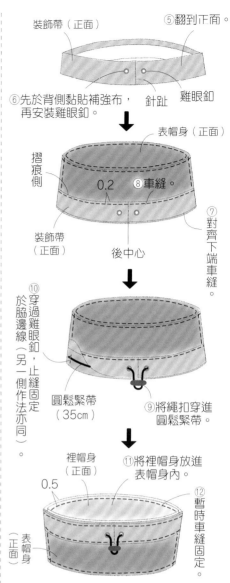

裝飾帶（正面）

⑤翻到正面。

⑥先於背側黏貼補強布，再安裝雞眼釦。

針趾

雞眼釦

表帽身（正面）

摺痕側

0.2

⑧車縫。

裝飾帶（正面）

後中心

⑦對齊下端車縫。

⑩穿過雞眼釦，止縫固定於脇邊線（另一側作法亦同）。

圓鬆緊帶（35cm）

⑨將繩扣穿進圓鬆緊帶。

裡帽身（正面）

0.5

⑪將裡帽身放進表帽身內。

表帽身（正面）

⑫暫時車縫固定。

P.26_ No.19／風琴褶卡片包

材料
表布（合成皮）40cm×20cm
雙面固定釦（面徑7.5mm　腳長7mm）8組
彈簧壓釦 直徑12mm　2組

原寸紙型
C面

完成尺寸
寬10.5×高7.5cm

3. 安裝固定釦

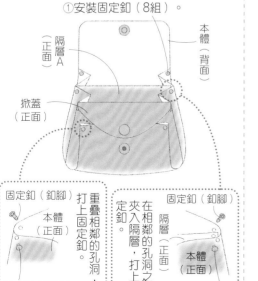

①安裝固定釦（8組）。

隔層A（正面）

本體（背面）

掀蓋（正面）

固定釦（釦腳）

本體（正面）

固定釦（釦面）

重疊相鄰的孔洞，打上固定釦。

固定釦（釦腳）

隔層（正面）

本體（正面）

固定釦（釦面）

夾在相鄰隔層的孔洞之間，打上固定釦。

1. 開洞

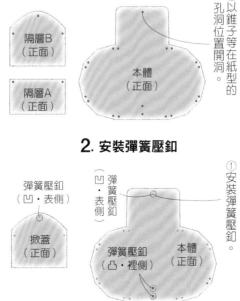

隔層B（正面）

隔層A（正面）

本體（正面）

①以錐子等在紙型的孔洞位置開洞。

2. 安裝彈簧壓釦

彈簧壓釦（凹·表側）

掀蓋（正面）

彈簧壓釦（凹·表側）

彈簧壓釦（凸·裡側）

本體（正面）

①安裝彈簧壓釦。

裁布圖

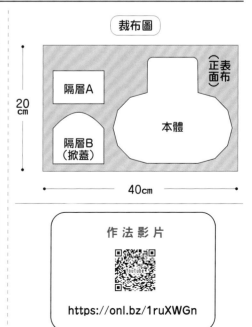

表布（正面）

隔層A

隔層B（掀蓋）

本體

20cm

40cm

作 法 影 片

https://onl.bz/1ruXWGn

材料

表布（牛津布）60cm×25cm

裡布（保溫保冷鋁箔紙）60cm×25cm

包包織帶 寬2.5cm　60cm

羅紋織帶 寬2.5cm　120cm

線圈拉鍊 26cm 1條

原寸紙型

無

完成尺寸

寬26×高16×側身12cm

（提把25cm）

---

3. 製作本體

①沿拉鍊的鍊齒摺半。

※先拉開拉鍊。

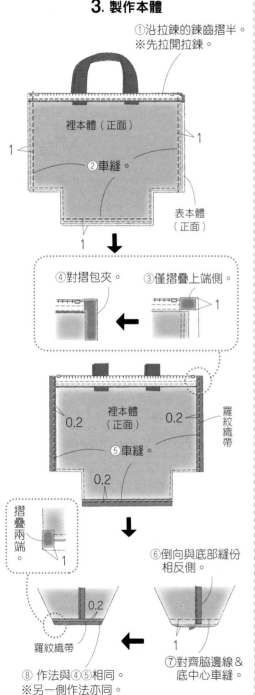

②車縫。

裡本體（正面）

表本體（正面）

1

④對摺包夾。

③僅摺疊上端側。

⑤車縫。

0.2　0.2

羅紋織帶

裡本體（正面）

摺疊兩端。

⑥倒向與底部縫份相反側。

⑦對齊脇邊線＆底中心車縫。

羅紋織帶

0.2

⑧ 作法與④⑤相同。

※另一側作法亦同。

翻到正面。

表本體（正面）

提把（包包織帶29cm）

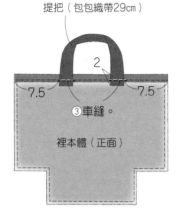

2

7.5　7.5

③車縫。

裡本體（正面）

※另一片縫法亦同。

④從背面疊上拉鍊車縫。

對齊中心。

拉鍊（正面）

0.7

0.2

表本體（正面）

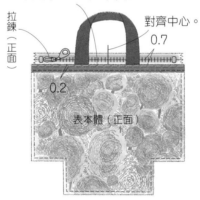

拉鍊（正面）

表本體（正面）

0.2　0.7

表本體（正面）

⑤同樣在另一側縫上拉鍊。

裁布圖

※標示尺寸已含縫份。

表布・裡布（正面）

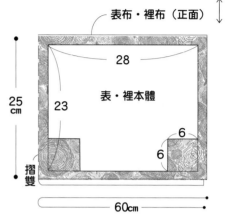

28

25cm

23

表・裡本體

6

6

摺雙

60cm

---

1. 疊合表本體＆裡本體

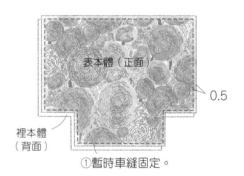

表本體（正面）

0.5

裡本體（背面）

①暫時車縫固定。

※另一片縫法亦同。

2. 安裝拉鍊＆接縫提把

①對摺包夾。

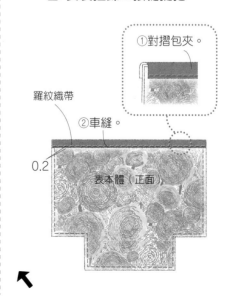

羅紋織帶

②車縫。

0.2

表本體（正面）

56

材料
表布（Cotton Lawn）40cm×55cm
裡布（平織布）40cm×55cm
接著鋪棉（薄）40cm×55cm
雙開線圈拉錬 40cm 1條
支架口金（寬18cm 高6cm）1組

原寸紙型
無

完成尺寸
寬20×高19×側身12cm

（裁布圖）

※標示尺寸已含縫份。
※表本體完成壓線再裁剪。

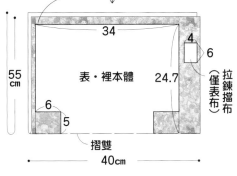

表布・裡布（正面）↑

34
4
6
55cm
表・裡本體
24.7
拉錬擋布
（僅表布）
6
5
摺雙
40cm

4. 套疊表本體＆裡本體

①將表本體放入裡本體內。

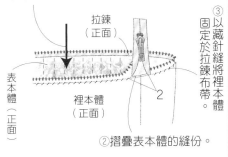

拉錬（正面）
裡本體（正面）
表本體（正面）

③以藏針縫將裡本體固定於拉錬布帶。

②摺疊表本體的縫份。

⑥從穿入口穿入支架口金後，縫合穿繩口。

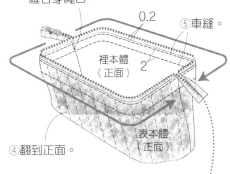

0.2
⑤車縫。
裡本體（正面）
2
表本體（正面）
④翻到正面。

⑦縫上拉錬擋布

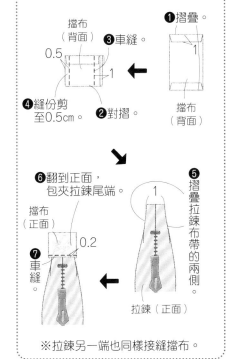

❶摺疊。
擋布（背面）
❸車縫。
0.5
1
❹縫份剪至0.5cm。
❷對摺。
擋布（背面）

❻翻到正面，包夾拉錬尾端。
擋布（正面）
0.2
❼車縫。
❺摺疊拉錬布帶的兩側。
拉錬（正面）

※拉錬另一端也同樣接縫擋布。

拉開拉錬。
（背面）拉錬
避開拉錬。

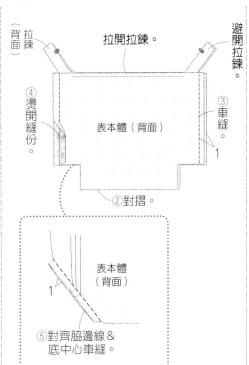

④燙開縫份。
③車縫。
表本體（背面）
2
1
②對摺。

表本體（背面）
1
⑤對齊脇邊線＆底中心車縫。
※另一側縫法亦同。

3. 製作裡本體

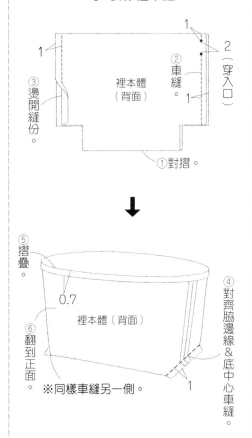

1
1
2
②車縫。
③燙開縫份。
裡本體（背面）
（穿入口）
1
①對摺。

⑤摺疊
0.7
裡本體（背面）
⑥翻到正面。
④對齊脇邊線＆底中心車縫。
1
※同樣車縫另一側。

1. 在表布進行壓線

②取間距2cm進行機縫壓線。

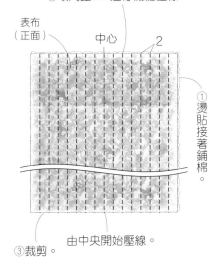

表布（正面）
中心
2
①燙貼接著鋪棉。
③裁剪。
由中央開始壓線。

2. 製作表本體

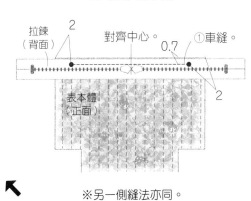

拉錬（背面）
2
對齊中心。
①車縫。
0.7
表本體（正面）
2
※另一側縫法亦同。

材料
表布（霧光合成皮）100cm×45cm
裡布（尼龍）120cm×45cm
出芽（粗）140cm／ **羅紋織帶** 寬2cm 140cm
包包織帶（luxe tape）寬3cm 130cm
金屬拉鍊（5C）40cm 1條
口型環 寬30mm 1個／ **日型環** 寬30mm 1個

原寸紙型
A面

完成尺寸
寬42×高21×側身12cm

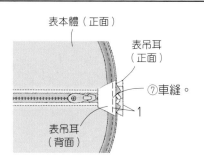

※另一側也同樣縫上吊耳。

3. 製作側身

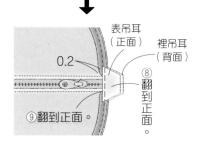

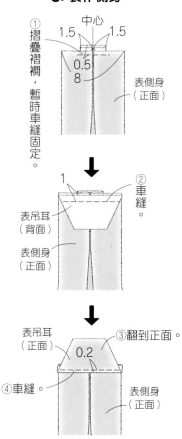

⑤依①④車縫另一側。
※裡側身作法亦同。

2. 安裝拉鍊

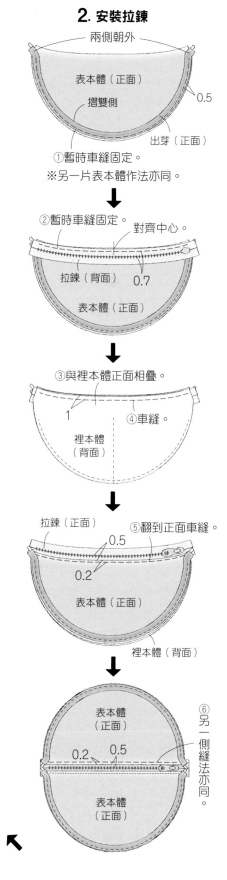

裁布圖

※表・裡側身無原寸紙型，請依標示尺寸（已含縫份）直接裁剪。

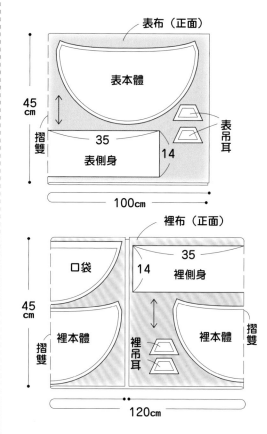

1. 車縫口袋

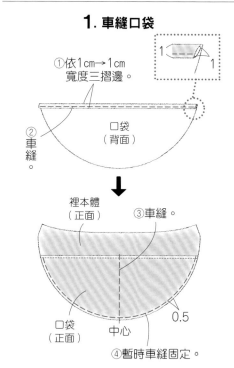

5. 製作肩帶

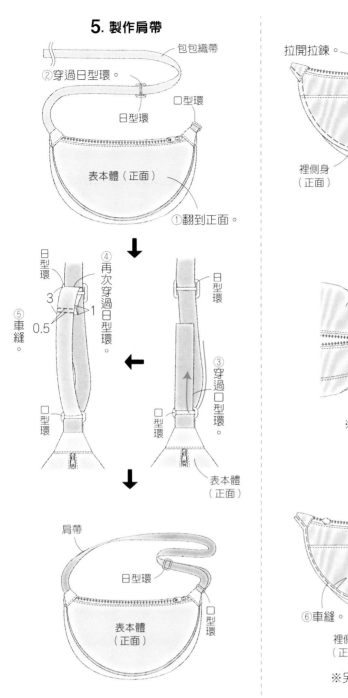

包包織帶
②穿過日型環。
□型環
日型環
表本體（正面）
①翻到正面。

日型環
④再次穿過日型環。
⑤車縫。
3
0.5
1
□型環
□型環
日型環
③穿過□型環。
表本體（正面）

肩帶
日型環
□型環
表本體（正面）

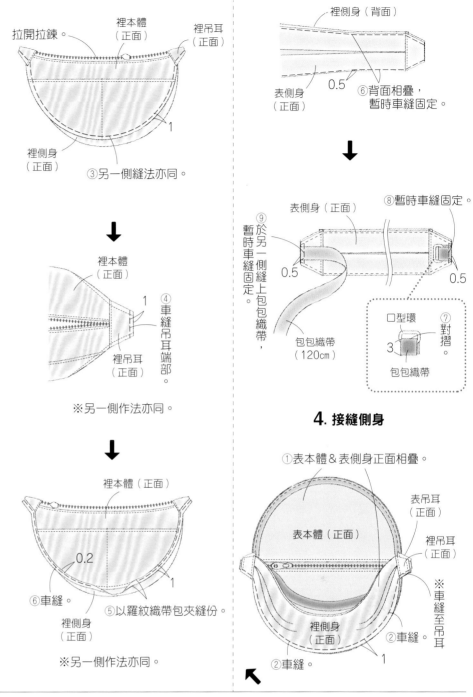

拉開拉鍊。
裡本體（正面）
裡吊耳（正面）
裡側身（正面）
③另一側縫法亦同。
1

裡本體（正面）
1
④車縫吊耳端部。
裡吊耳（正面）
※另一側作法亦同。

裡本體（正面）
0.2
1
⑥車縫。
⑤以羅紋織帶包夾縫份。
裡側身（正面）
※另一側作法亦同。

裡側身（背面）
表側身（正面）
0.5
⑥背面相疊，暫時車縫固定。

表側身（正面）
⑧暫時車縫固定。
⑨於另一側縫上包包織帶，暫時車縫固定。
0.5
0.5
包包織帶（120cm）
□型環
3
包包織帶
⑦對摺。

4. 接縫側身

①表本體＆表側身正面相疊。
表吊耳（正面）
表本體（正面）
裡吊耳（正面）
裡側身（正面）
②車縫。
1
※車縫至吊耳
②車縫。

關於拉鍊尺寸

〈3C〉

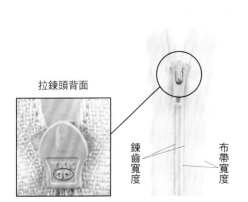

拉鍊頭背面
鍊齒寬度
布帶寬度

〈5C〉

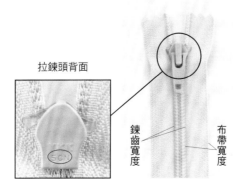

拉鍊頭背面
鍊齒寬度
布帶寬度

即使名稱與長度都一樣的拉鍊，鍊齒與布帶的寬度也會有所差異。拉鍊頭背面會標示尺寸（線圈拉鍊為5C、3C等）。由於作法說明是配合使用的拉鍊決定尺寸，所以請確認材料標示，使用指定的拉鍊。

材料
表布（印花棉布）20cm×10cm
木棉填充物 適量
DMC 25號繡線（#826）適量

原寸紙型
P.60或**下載**
下載方法參照P.09

完成尺寸
寬7.5×高6cm

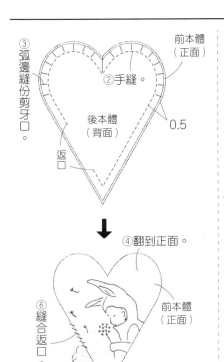

③弧邊縫份剪牙口。
前本體（正面）
②手縫。
後本體（背面）
0.5
返口
④翻到正面。
⑥縫合返口。
前本體（正面）
⑤填入棉花。

〔裁布圖〕
※前本體完成刺繡再裁剪。
10cm
20cm
（正面）表布

1. 製作本體
①前本體先進行刺繡，再裁剪。

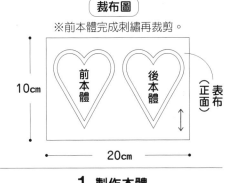

前本體（正面）
0.5

〔原寸紙型・刺繡圖案〕
※刺繡針法參照P.47。

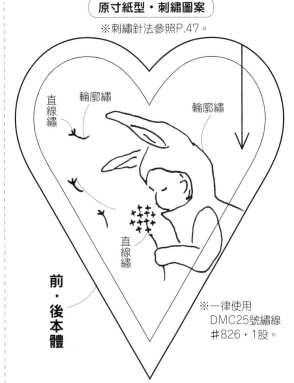
直線繡
輪廓繡
輪廓繡
直線繡
前・後本體
※一律使用DMC25號繡線#826・1股。

材料
表布（10號石蠟帆布）75cm×120cm
接著襯（厚不織布）10cm×5cm
四摺斜布條 寬8mm 80cm
磁釦16mm 1組

原寸紙型
無

完成尺寸
寬48×高36cm
（提把54cm）

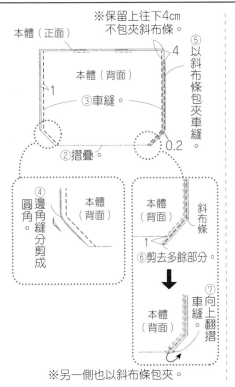

※保留上往下4cm不包夾斜布條。
本體（正面）
本體（背面）
4
⑤以斜布條包夾車縫。
1
③車縫。
0.2
②摺疊。
④圓邊角縫份剪成
本體（背面）
斜布條
本體（背面）
1
⑥剪去多餘部分。
⑦向上翻摺
本體（背面）
車縫。
※另一側也以斜布條包夾。

※另一條提把作法亦同。

提把（背面）
②背面相對車縫。
提把（正面）
0.5
0.5

2. 製作口袋

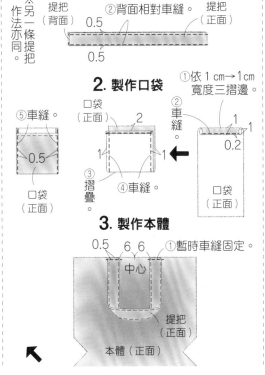
⑤車縫。
口袋（正面）
0.5
口袋（正面）
①依1cm→1cm寬度三摺邊
②車縫。
1
1
0.2
③摺疊。
④車縫。
口袋（正面）

3. 製作本體
0.5 6 6
①暫時車縫固定。
中心
提把（正面）
本體（正面）

〔裁布圖〕
※標示尺寸已含縫份。
※　　　處需於背面燙貼接著襯。

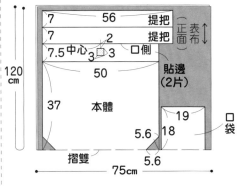

7	56 提把	
7	2 提把	
7.5 中心 3 □ 3		口側
	50	貼邊（2片）
37	本體	19
	5.6	18 口袋
	摺雙 5.6	

120cm
75cm
（正面 表布）

1. 製作提把

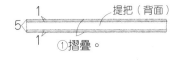
提把（背面）
1
5
1
①摺疊。

※其他3片作法亦同。

60

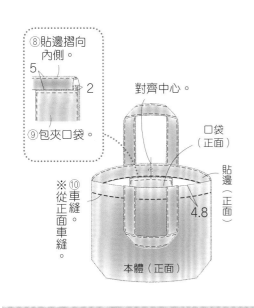

⑧貼邊摺向內側。

5

2

⑨包夾口袋。

對齊中心。

⑩※從正面車縫。
①車縫。

口袋（正面）

貼邊（正面）

4.8

本體（正面）

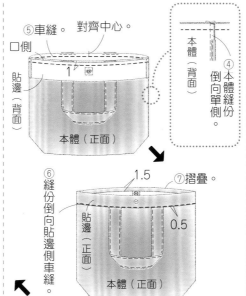

⑤車縫
口側
貼邊（背面）

對齊中心。

1

本體（正面）

⑥縫份倒向貼邊側車縫。

1.5

⑦摺疊。

0.5

貼邊（正面）

本體（正面）

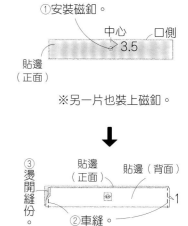

本體（背面）

④本體縫份倒向單側

4. 縫上貼邊＆口袋

①安裝磁釦。

中心　口側
3.5

貼邊（正面）

※另一片也裝上磁釦。

③燙開縫份。

貼邊（正面）　貼邊（背面）

②車縫。

1

P.22_ No.17 ／ 時尚托特包

材料

表布（棉麻布）75cm×55cm／**壓克力織帶** 寬2cm　100cm
接著襯（山東府綢貼紙襯）87cm×34cm
挽物固定釦 12mm 4組／**皮革條**（植鞣革）寬2cm 180cm
※詳細材料參照P.23。

原寸紙型
無

完成尺寸
寬34×高40×側身5cm
（提把42cm）

2. 製作提把

皮革條（50cm・背面）

0.2

1　①車縫。　1

壓克力織帶（48cm・正面）

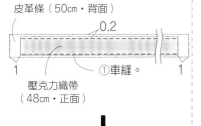

②摺疊。　③以雙面膠帶黏貼。

壓克力織帶（正面）

1　　　1

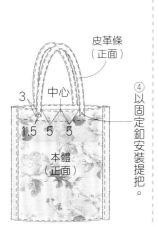

皮革條（正面）

中心

3

1.5　5　5

本體（正面）

④以固定釦安裝提把。

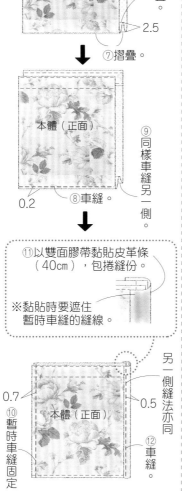

本體（正面）

2.5

⑦摺疊。

本體（正面）

0.2　　⑧車縫。

⑥沿底中心摺疊。

⑨同樣車縫另一側。

⑪以雙面膠帶黏貼皮革條（40cm），包捲縫份。

※黏貼時要遮住暫時車縫的縫線。

0.7

本體（正面）

⑩暫時車縫固定

另一側縫法亦同

⑫車縫

0.5

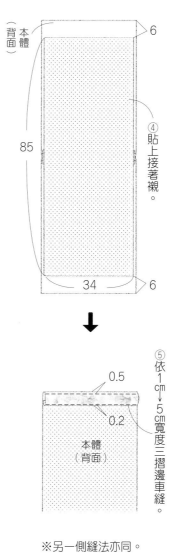

本體（背面）

85

34

6

6

④貼上接著襯。

⑤依1cm→5cm寬度三摺邊車縫。

0.5

0.2

本體（背面）

※另一側縫法亦同。

裁布圖

※標示尺寸已含縫份。

表布（正面）

34　34

本體　本體

55cm

49.5

75cm

1. 製作本體

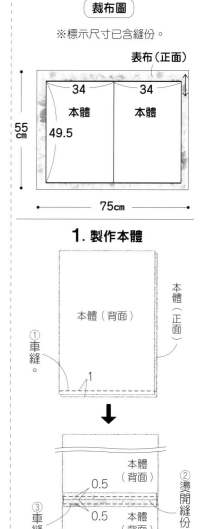

本體（背面）　　本體（正面）

①車縫。

1

②燙開縫份。

0.5

③車縫

0.5

本體（背面）

本體（背面）

材料
表布（平織布）110cm×150cm
接著襯（薄）10cm×10cm／**摺疊陽傘骨架** 1組
四摺斜布條 寬8mm 265cm
橄欖扣 30mm 1個／**布標** 4cm×1.5cm 1片

原寸紙型
B面

完成尺寸
陽傘：長35cm（收摺狀態）
傘套：寬13×長40.5cm

3. 於本體安裝骨架

天紙（正面）
①以鋸齒剪刀修剪外圍。

天紙（正面）
②在天紙中心開一個直徑0.5cm圓洞。
0.5

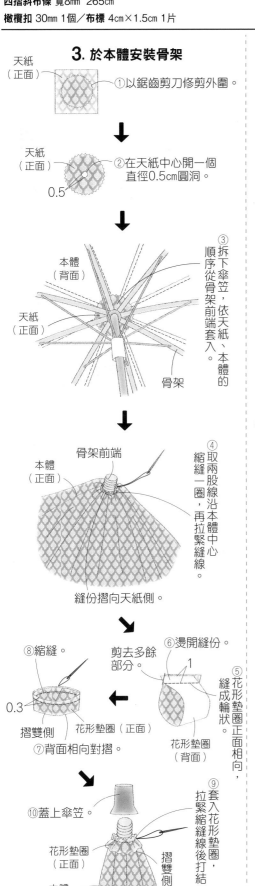

本體（背面）
天紙（正面）
③拆下傘笠，依天紙、本體的順序從骨架前端套入。
骨架

骨架前端
本體（正面）
④取兩股線沿本體中心縮縫一圈，再拉緊縫線。
縫份摺向天紙側。

⑧縮縫。
0.3
剪去多餘部分。
⑥燙開縫份。
1
⑤花形墊圈正面相向，縫成輪狀。
花形墊圈（正面）
花形墊圈（背面）
摺雙側
⑦背面相向對摺。

⑩蓋上傘笠
花形墊圈（正面）
本體（正面）
摺雙側
⑨套入花形墊圈，拉緊縮縫線後打結。

止縫點
⑥翻到背面。
本體（正面）
本體（背面）
0.7
⑦車縫。

※依相同作法縫合所有本體（共8片）。

本體（背面）
本體（背面）
⑧縫份倒向左側。

2. 接縫固定繩

固定繩（正面）
①摺往中央接合。

②摺疊兩端。
0.8
固定繩（正面）
0.2
1
③摺四褶車縫。

本體（背面）
本體（背面）
本體（背面）
26.5　0.5
固定繩（正面）
3
④車縫。
對齊中心。

本體（背面）
本體（背面）
本體（背面）
0.5
固定繩（正面）
⑤反摺車縫。

裁布圖

※除了本體・天紙・花形墊圈之外無原寸紙型，請依標示尺寸（已含縫份）直接裁剪。
※ ▨ 處（天紙）需於背面燙貼接著襯。

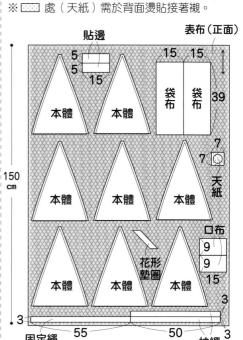

貼邊
表布（正面）
5
5
15
15 15
袋布 袋布
39
7
7
天紙
本體 本體
口布
9
9
15
花形墊圈
本體 本體 本體
3
150 cm
本體 本體 本體
3
固定繩 55 50 抽繩 3
110cm

1. 製作本體

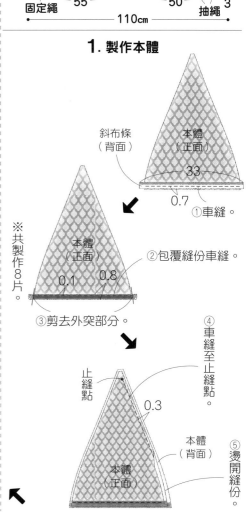

本體（正面）
斜布條（背面）
33
0.7
①車縫。

本體（正面）
②包覆縫份車縫。
0.1 0.8
③剪去外突部分。
花形墊圈（正面）
花形墊圈（背面）

※共製作8片。

止縫點
本體（背面）
0.3
本體（正面）
④車縫至止縫點。
⑤燙開縫份。

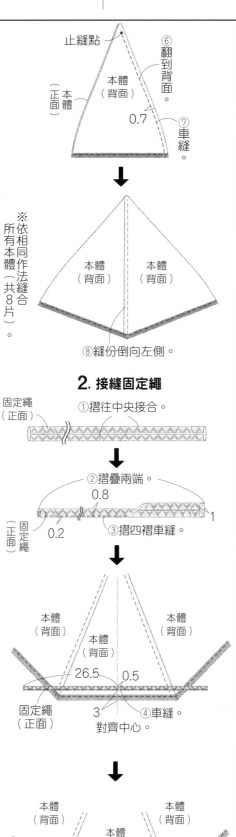

62

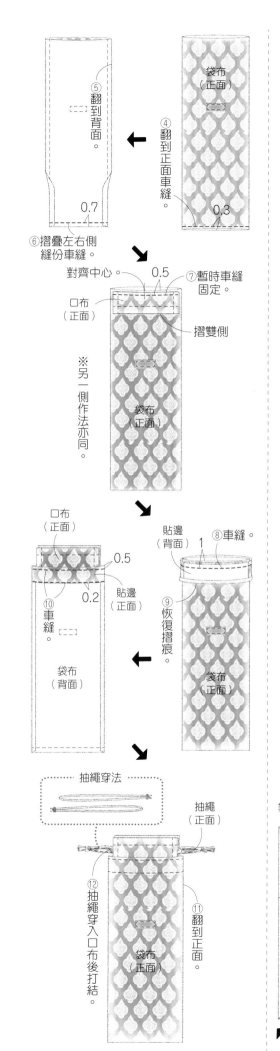

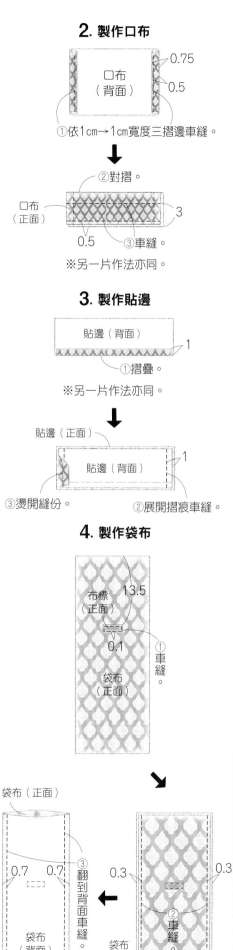

2. 製作口布

①依1cm→1cm寬度三摺邊車縫。

口布（背面） 0.75 0.5

②對摺。

口布（正面） 3

0.5 ③車縫。

※另一片作法亦同。

3. 製作貼邊

貼邊（背面） 1

①摺疊。

※另一片作法亦同。

貼邊（正面）

貼邊（背面） 1

③燙開縫份。 ②展開摺痕車縫。

4. 製作袋布

布標（正面） 13.5

0.1

袋布（正面） ①車縫。

袋布（正面）

0.3 0.3

②車縫。

③翻到背面車縫。

0.7 0.7

袋布（背面）

袋布（正面）

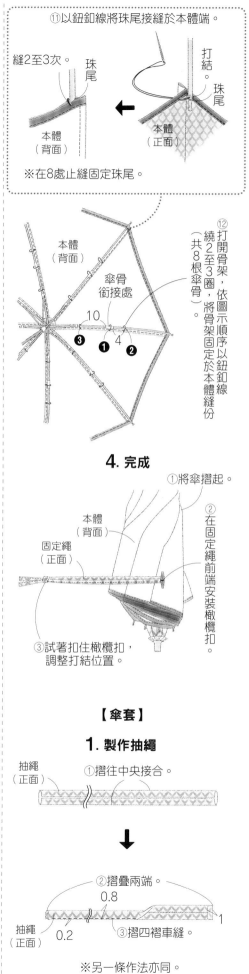

⑪以鈕釦線將珠尾接縫於本體端。

縫2至3次。 珠尾 打結。 珠尾

本體（背面） 本體（正面）

※在8處止縫固定珠尾。

本體（背面）

傘骨銜接處 10 ❸ ❶ 4 ❷

⑫打開骨架，繞2至3圈，依圖示順序以鈕釦線將骨架固定於本體縫份（共8根傘骨）。

4. 完成

①將傘摺起。

②在固定繩前端安裝橄欖扣。

本體（背面） 固定繩（正面）

③試著扣住橄欖扣，調整打結位置。

【傘套】

1. 製作抽繩

抽繩（正面） ①摺往中央接合。

②摺疊兩端。 0.8

抽繩（正面） 0.2 ③摺四褶車縫。 1

※另一條作法亦同。

材料
表布（壓棉布）90cm×120cm／**裡布**（厚棉布）120cm×65cm
接著襯（硬）6cm×3cm／**磁釦** 19mm 1組
布標 4cm×1.5cm 1片／**出芽**（特粗）220cm

原寸紙型
B面

完成尺寸
寬59×高30×側身18cm
（提把28cm）

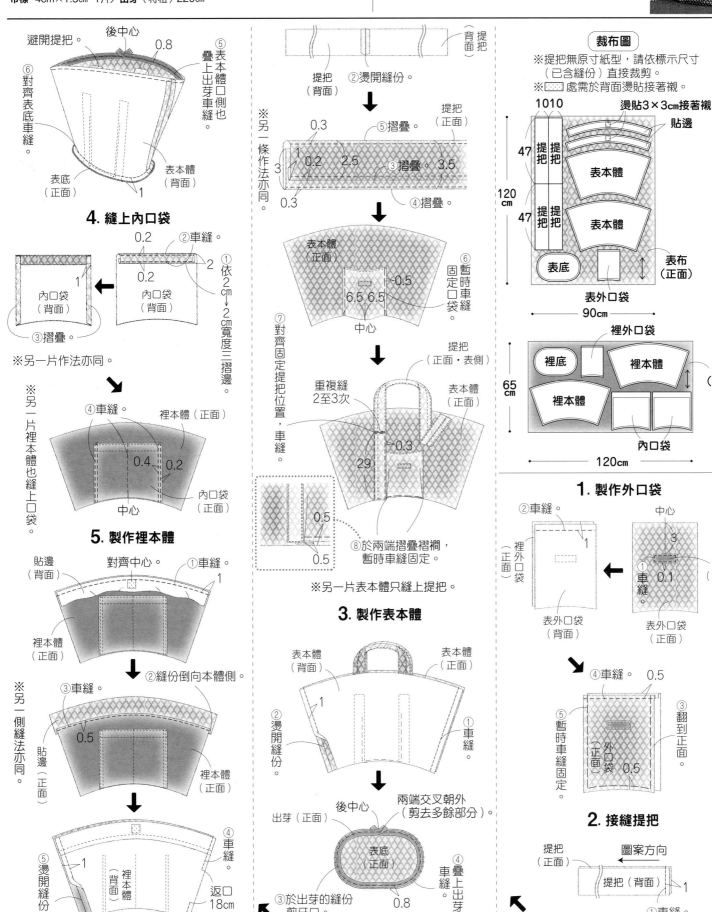

裁布圖
※提把無原寸紙型，請依標示尺寸（已含縫份）直接裁剪。
※▨ 處需於背面燙貼接著襯。

※可直接使用壓棉布，或在表布背面燙貼接著鋪棉進行壓線。

1. 製作外口袋

2. 接縫提把

3. 製作表本體

4. 縫上內口袋
※另一片作法亦同。

5. 製作裡本體

64

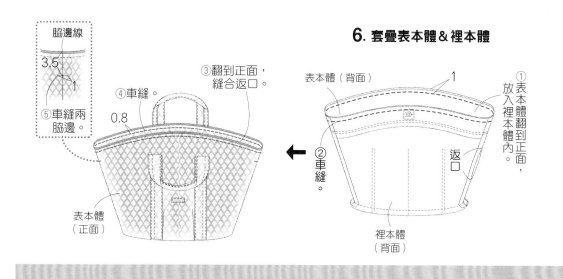

6. 套疊表本體&裡本體

脅邊線
3.5
1
⑤車縫兩脅邊。

③翻到正面，縫合返口。
④車縫。
0.8

表本體（正面）

表本體（背面）
1
①表本體翻到正面，放入裡本體內。
返口
②車縫。
裡本體（背面）

⑦縫上磁釦。

裡本體（背面）
裡底（正面）
⑥對齊裡底車縫。
1

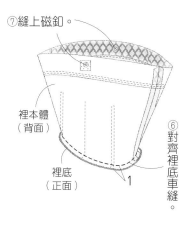

P.21_ No.**16** ／ **疊緣筆袋**

材料
疊緣 約8cm×50cm
配布（棉布）15cm×15cm
FLATKNIT拉鍊 30至40cm 1條

原寸紙型	完成尺寸
無	寬19×高4.3×側身3cm

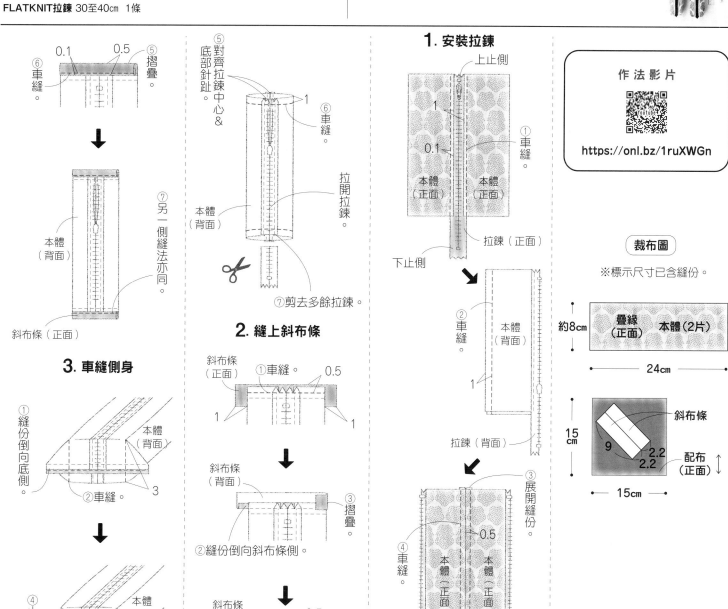

1. 安裝拉鍊

上止側
1
0.1
①車縫。
本體（正面）　本體（正面）
拉鍊（正面）
下止側

②車縫。
本體（背面）
1
拉鍊（背面）

③展開縫份。
0.5
④車縫。
本體（正面）　本體（正面）

⑥車縫。
0.1　0.5
⑤摺疊。

本體（背面）
斜布條（正面）
⑦另一側縫法亦同。

⑤對齊拉鍊中心&底部針趾。
1
⑥車縫。
拉開拉鍊。
本體（背面）
⑦剪去多餘拉鍊。

2. 縫上斜布條

斜布條（正面）
①車縫。　0.5
1　　1

斜布條（背面）
③摺疊。
②縫份倒向斜布條側。

斜布條（正面）　0.5
④摺疊。

3. 車縫側身

①縫份倒向底側。
②車縫。
本體（背面）
3

④止縫固定。
本體（背面）
③摺疊。
※另一側縫法亦同。

作 法 影 片
https://onl.bz/1ruXWGn

裁布圖
※標示尺寸已含縫份。

約8cm
疊緣（正面）　本體（2片）
24cm

15cm
斜布條
9　2.2
2.2
配布（正面）
15cm

材料（■…M・■…L・■…通用）
表布（棉厚織79號）112cm×270cm・330cm
配布（棉布）30cm×15cm
接著襯（薄）60cm×85cm
四合釦 15mm 8組
牽條 寬1cm 50cm

原寸紙型
C面

完成尺寸
總長 63・65cm
胸圍 108・114cm
背中心線到袖口長 76・78cm

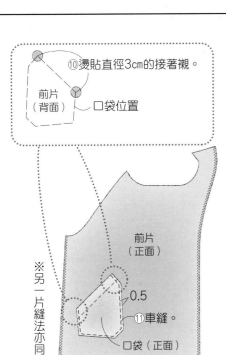

⑩燙貼直徑3cm的接著襯。
前片（背面）
口袋位置

前片（正面）
0.5
⑪車縫
口袋（正面）
※另一片縫法亦同。

3. 車縫脇邊

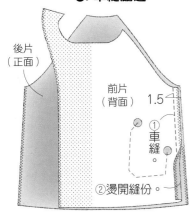

後片（正面）
前片（背面）
1.5
①車縫
②燙開縫份。
※另一側縫法亦同。

4. 製作袖子

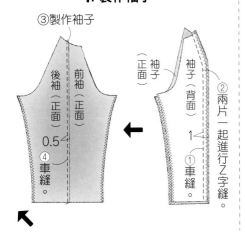

③製作袖子
後袖（正面）
前袖（正面）
0.5
④車縫
正面 袖子 正面
袖子（背面）
①車縫
②兩片一起進行Z字縫。

---

1. 縫製前的準備

①在 ∿∿ 處進行Z字縫。

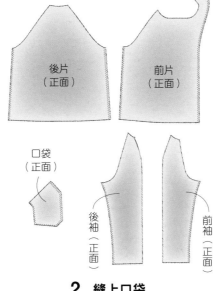

後片（正面）
前片（正面）
口袋（正面）
後袖（正面）
前袖（正面）

2. 縫上口袋

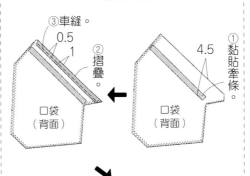

③車縫。
0.5
1
②摺疊
口袋（背面）
4.5
①黏貼牽條。
口袋（背面）

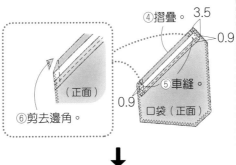

④摺疊。 3.5
0.9
⑤車縫
0.9
（正面）
⑥剪去邊角。
口袋（正面）

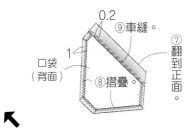

0.2
⑨車縫。
口袋（背面）
1
⑦翻到正面。
⑧摺疊

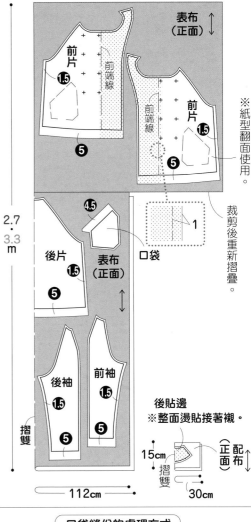

表布（正面）
前片 1.5
前端線
前片 1.5
5
5
※紙型翻面使用。
2.7・3.3 m
4.5
1
後片 1.5
表布（正面）
口袋
5
5
裁剪後重新摺疊。
後袖 1.5
前袖 1.5
5
5
摺雙
112cm

後貼邊
※整面燙貼接著襯。
15cm
摺雙
配布（正面）
30cm

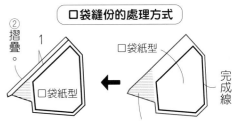

口袋縫份的處理方式
②摺疊。
1
口袋紙型
口袋紙型
完成線
①邊角多留點布，修剪外圍。

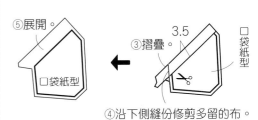

⑤展開。
③摺疊。
口袋紙型
3.5
口袋紙型
口袋紙型
④沿下側縫份修剪多留的布。

7. 車縫下襬線

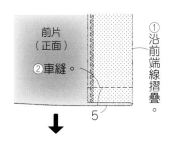

①沿前端線摺疊。

②車縫。
前片（正面）

5

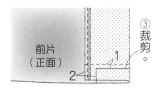

③裁剪。
前片（正面）
1
2

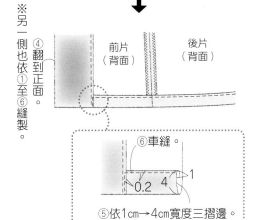

前片（背面）
後片（背面）
④翻到正面。

⑥車縫。
0.2　4　1
⑤依1cm→4cm寬度三摺邊。

※另一側也依①至⑥縫製。

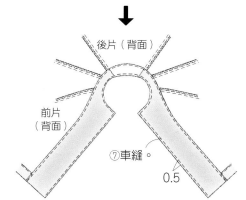

後片（背面）
前片（背面）
⑦車縫。
0.5

8. 安裝四合釦

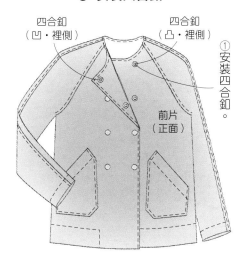

四合釦（凹·裡側）
四合釦（凸·裡側）
前片（正面）
①安裝四合釦。

6. 接縫貼邊

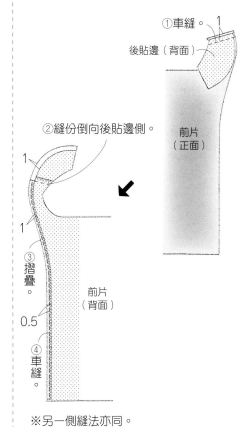

①車縫。
1
後貼邊（背面）
②縫份倒向後貼邊側。
1
1
③摺疊。
0.5
④車縫。
前片（正面）
前片（背面）

※另一側縫法亦同。

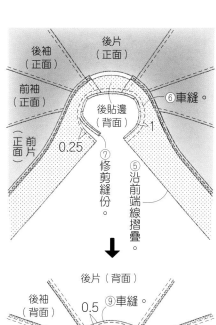

後袖（正面）
後片（正面）
前袖（正面）
⑥車縫。
後貼邊（背面）
1
0.25
前片（正面）
⑦修剪縫份。
⑤沿前端線摺疊。

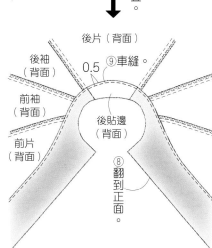

後片（背面）
後袖（背面）
0.5
⑨車縫。
前袖（背面）
後貼邊（背面）
前片（背面）
⑧翻到正面。

（右上）

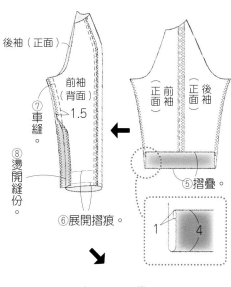

後袖（正面）
前袖（背面）
1.5
⑦車縫。
⑧燙開縫份。
⑥展開摺痕。
（正面）前袖
（正面）後袖
⑤摺疊。
1　4

前袖（背面）
⑩車縫。
0.2
⑨恢復摺痕。

※左袖作法亦同。

5. 接縫袖子

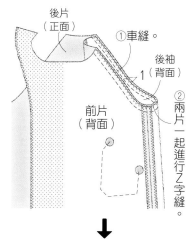

後片（正面）
①車縫。
後袖（背面）
1
前片（背面）
②兩片一起進行Z字縫。

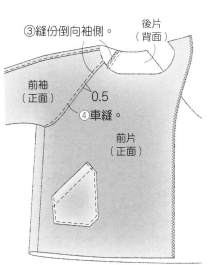

③縫份倒向袖側。
後片（背面）
前袖（正面）
0.5
④車縫。
前片（正面）

※另一側縫法亦同。

材料
表布（Cotton Lawn）110cm×30cm
配布（棉布）110cm×30cm
繩子　寬1cm　130cm

原寸紙型
無

完成尺寸
寬25×高26×側身8cm

5. 製作口布

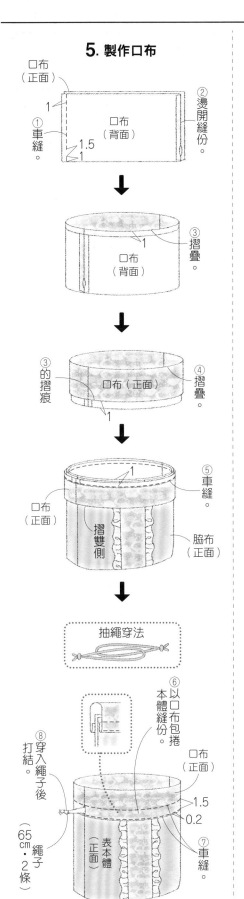

口布
（正面）

① 車縫。

1

1.5
1

口布
（背面）

② 燙開縫份。

③ 摺疊。

口布
（背面）

1

③ 的摺痕

口布（正面）

④ 摺疊。

1

⑤ 車縫。

口布
（正面）

摺雙側

脇布
（正面）

抽繩穿法

⑥ 以口布包捲本體縫份。

本體縫份

⑧ 穿入繩子後打結。

口布
（正面）

1.5
0.2

⑦ 車縫。

表本體（正面）

（65cm繩子2條）

3. 製作裡本體

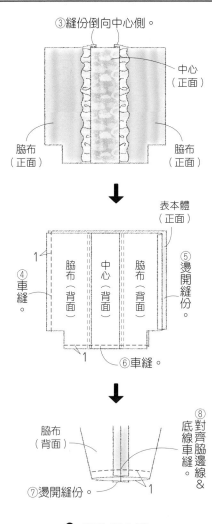

③ 縫份倒向中心側。

中心
（正面）

脇布
（正面）

脇布
（正面）

表本體
（正面）

1

④ 車縫。

脇布
（背面）

中心
（背面）

脇布
（背面）

⑤ 燙開縫份。

1

⑥ 車縫。

脇布
（背面）

⑦ 燙開縫份。

⑧ 對齊脇邊線＆底線車縫。

1

3. 製作裡本體

裡本體
（正面）

裡本體
（背面）

① 作法與 **2.**-④ 至 ⑧ 相同。

4. 疊套表本體 & 裡本體

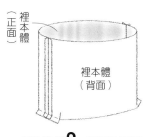
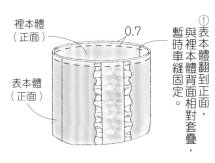

裡本體
（正面）

0.7

表本體
（正面）

① 與裡本體背面相對套疊，暫時車縫固定。表本體翻到正面，

裁布圖
※標示尺寸已含縫份。

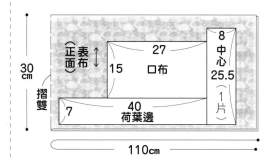

30cm

摺雙

（正表布面）

27
15　口布
40　荷葉邊
7

8
中心
25.5
（1片）

110cm

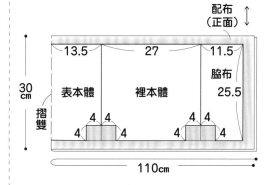

配布
（正面）

30cm

摺雙

13.5　27　11.5
表本體　裡本體　脇布　25.5
4 4　4 4
4　4

110cm

1. 製作荷葉邊

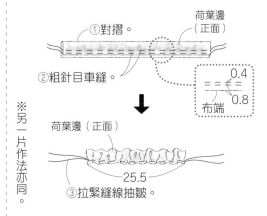

① 對摺。

荷葉邊
（正面）

② 粗針目車縫。

0.4
0.8
布端

荷葉邊（正面）

25.5

③ 拉緊縫線抽皺。

※另一片作法亦同。

2. 製作表本體

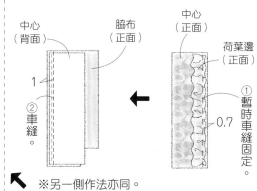

中心
（背面）

脇布
（正面）

中心
（正面）

荷葉邊
（正面）

1

② 車縫。

① 暫時車縫固定

0.7

※另一側作法亦同。

68

材料（■…S・■…M・■…通用）
表布（棉牛津布）137cm×40cm・50cm
裡布（棉密織平紋布）145cm×40cm・50cm
底板 25cm×15cm・35cm×20cm
接著襯（swany medium）92cm×40cm・95cm
皮提把（寬2cm 長40cm）1組／**手縫線** 適量

原寸紙型
無

完成尺寸
寬24×高24×側身12cm
（提把32cm）
寬34×高34×側身17cm
（提把32cm）

接縫提把作法

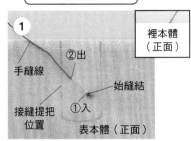
① 手縫線
②出
始縫結
接縫提把位置
①入
裡本體（正面）
表本體（正面）

在接縫位置做記號，再於提把可遮住處入針，穿過表布＆裡布之間後出針。

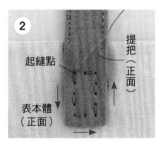
② 起縫點
提把（正面）
表本體（正面）

將提把對齊接縫位置，於起縫點出針，以逆時針方向接縫。縫完一圈再從起縫點的針孔出針。

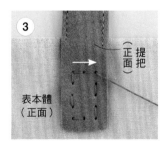
③ 提把（正面）
表本體（正面）

以順時鐘方向縫完剩餘部分。

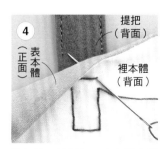
④ 提把（背面）
表本體（正面）
裡本體（背面）

縫好後，於提把＆表本體之間出針，打上終縫結並剪線，完成。

---

④燙開縫份。
⑥車縫。
⑤對齊脇邊線＆底線。
表本體（背面）

※另一邊與裡本體作法亦同。

2. 完成

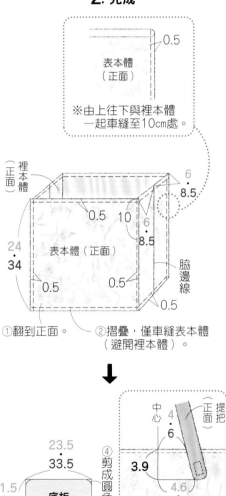
0.5
表本體（正面）
※由上往下與裡本體一起車縫至10cm處。

裡本體（正面）
表本體（正面）
24・34
0.5
0.5
0.5
0.5
10
6・8.5
6・8.5
脇邊線
①翻到正面。
②摺疊，僅車縫表本體（避開裡本體）。

23.5・33.5
11.5・16.5
底板

中心
4
6
正 提把 面
3.9
4.6
6.7
④剪成圓角。

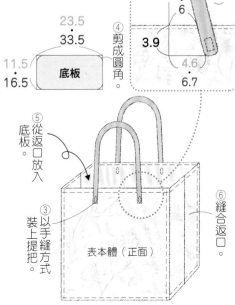
⑤從底板從返口放入。
③以手縫方式裝上提把。
⑥縫合返口。
表本體（正面）

作法影片
https://youtu.be/TliKNmqCk80

裁布圖

※標示尺寸已含縫份。
※ ▨ 處需於表本體背面燙貼接著襯。

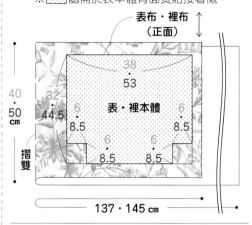
表布・裡布（正面）
40・50cm
38
53
32
44.5
表・裡本體
6
6
8.5
8.5
6
6
8.5
8.5
摺雙
137・145 cm

1. 疊合表本體＆裡本體

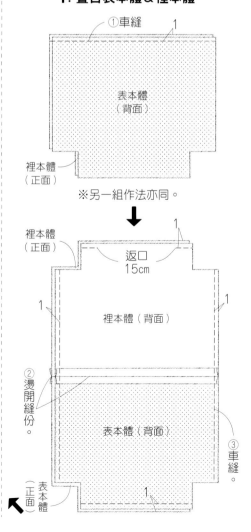
①車縫 1
表本體（背面）
裡本體（正面）
※另一組作法亦同。

裡本體（正面）
返口15cm
1
1
1
裡本體（背面）
②燙開縫份。
③車縫。
表本體（背面）
表本體（正面）
1

材料（■…S・■…M・■…L・■…通用）
表布（11號帆布）70cm×40cm・90cm×50cm・70cm×130cm
配布A（11號帆布）70cm×50cm・110cm×60cm・90cm×150cm
配布B（11號帆布）70cm×20cm・110cm×20cm・20cm×150cm
裡布（棉厚織89號）80cm×40cm・110cm×50cm・90cm×130cm
接著襯（中厚）10cm×10cm／**雞眼釦** 內徑5mm 1組
皮釦 35mm 1個・35mm 1個・40mm 1個
皮繩 寬5mm 31cm・40cm・50cm

原寸紙型
無

完成尺寸
寬24.5×高21×側身3cm
寬37×高28×側身6cm
寬55×高48×側身6cm

1. 於表本體燙貼接著襯

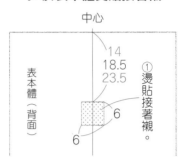

中心
14
18.5
23.5
6
6
表本體（背面）
①燙貼接著襯。

2. 製作口袋

①依1.2cm→1.3cm寬度三摺邊車縫。

0.2
口袋（正面）

3. 製作提把

①對摺。
提把A（正面）
②車縫。
0.2

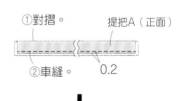

提把B（正面）
③依0.6cm→0.6cm寬度三摺邊。

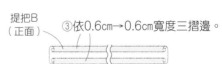

0.2
④包捲提把A車縫。
提把A（正面）
提把B（正面）

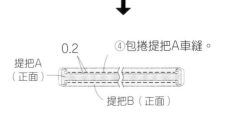

表布（正面）↕
63
表本體
63.5
130cm
3
摺雙
2
70cm

配布A（正面）
7.6 7.6
63
口袋（1片）
24
提把A 提把A
150cm
3
4
底布（1片）
7.5
19
70.5
摺雙
90cm

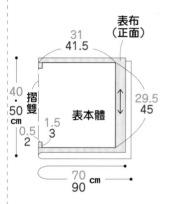

配布B（正面）
6.5 6.5
提把B 提把B
150cm
141
20cm

裡布（正面）↕
63
裡本體
63.3
130cm
18
內口袋（1片）
53
3
2
摺雙
90cm

※標示尺寸已含縫份。
※■=S・■=M・■=L・■=通用

31
41.5
表布（正面）
40・50cm
摺雙
29.5
45
1.5
3
表本體
0.5
2
70
90 cm

67
102
提把A
5
6
5
6
1.5
3
1
4 4.5
6
14
18
50・60cm
29.5
45
底布
口袋
配布A（正面）
10
16
70
110 cm

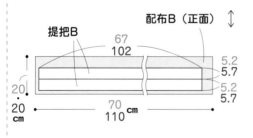

提把B
67
102
配布B（正面）↕
5.2
5.7
5.2
5.7
20cm
20cm
70
110 cm

裡布（正面）
30.8
41.3
14
18
40・50cm
摺雙
29.5
45
1.5
3
內口袋
0.5
2
裡本體
23.5
36.5
80
110 cm

⑦摺疊。

2.5

⑥依**4.**-⑦至⑨車縫脇邊線＆側身。

6. 套疊表本體＆裡本體

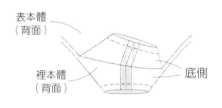

表本體
（背面）

裡本體
（背面）

底側

①使脇邊線的針趾位於內側並對齊。

表本體（背面）

②車縫。　0.5

裡本體
（背面）

※另一側作法亦同。

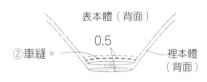

④
車
縫
。

0.2　中心　2

⑤安裝雞眼釦。

裡本體
（正面）

③
將
裡
本
體
放
入
表
本
體
內
。

避
開
提
把
。

表本體（正面）

7. 穿入皮繩

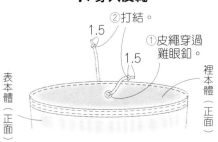

②打結。
1.5

1.5

①皮繩穿過
雞眼釦。

表本體
（正面）

裡本體
（正面）

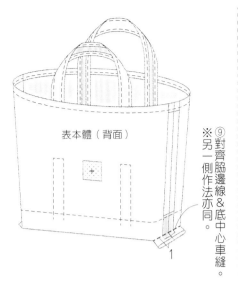

表本體（背面）

⑨
對
齊
脇
邊
線
＆
底
中
心
車
縫
。

※
另
一
側
作
法
亦
同
。

1

5. 製作裡本體

①依1cm→1cm寬度三摺邊車縫。

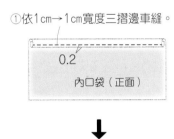

0.2

內口袋（正面）

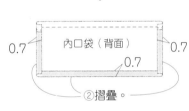

0.7　內口袋（背面）　0.7

0.7

②摺疊。

③燙貼接著襯。　中心

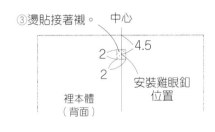

4.5

2

2

裡本體
（背面）

安裝雞眼釦
位置

中心

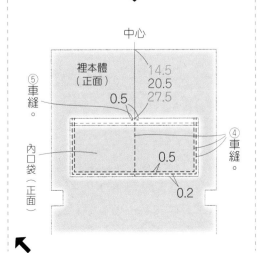

裡本體
（正面）

14.5
20.5
27.5

0.5

⑤
車
縫
。

內口袋
（正面）

④
車
縫

0.5

0.2

---

4. 製作表本體

①依1.2cm→1.3cm
寬度三摺邊車縫。

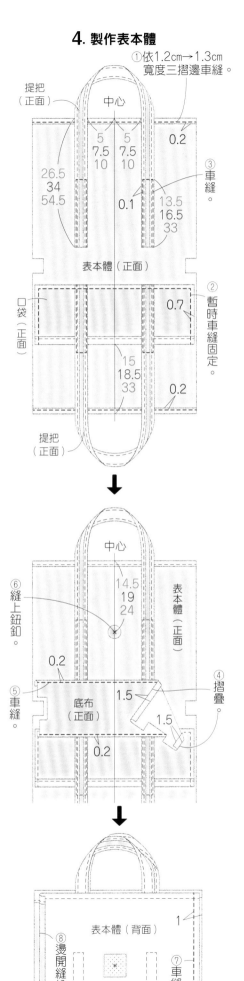

提把
（正面）

中心

0.2

5　5
7.5　7.5
10　10

26.5
34
54.5

③
車
縫
。

0.1　13.5
16.5
33

表本體（正面）

②
暫
時
車
縫
固
定
。

口
袋
（
正
面
）

0.7

15
18.5
33

提把
（正面）

0.2

中心

14.5
19
24

⑥
縫
上
鈕
釦
。

0.2

⑤
車
縫
。

底布
（正面）

1.5

④
摺
疊
。

1.5

0.2

表本體（背面）

1

⑧
燙
開
縫
份
。

⑦
車
縫
。

材料（■…S・■…M・■…通用）
疊緣 約8cm×250cm・340cm
表布（棉帆布）70cm×25cm・100cm×35cm
裡布（Cotton Lawn）90cm×25cm・100cm×65cm
塑膠四合釦 15mm 1組

原寸紙型
無

完成尺寸
寬19×高20×側身12cm
（提把25cm）
寬27×高28×側身17cm
（提把35cm）

M

2. 製作提把

①對摺。
提把（正面）
0.2
②車縫。

③對摺。
中心
④與②重疊車縫。
提把（正面）
6 6
8 8

3. 製作口袋

1.3
0.7
口袋（背面）
口袋（正面）
①車縫。

③車縫。
②展開縫份。
0.5
口袋（背面）
口袋（背面）
0.2
④依1cm→1cm寬度三摺邊車縫。

（背面）口袋
⑥車縫。
13
0.2
⑤摺疊。

4. 套疊表本體＆裡本體

①裡本體翻到正面，將表本體放入。
表本體（正面）
2.4
②車縫。
裡本體（正面）

1. 製作表本體

表底（背面）
表底（正面）
③車縫。
1
①車縫
②展開縫份。
0.5
表底（背面）

中心
表底（背面）
6 6
9.5
中心
9.5
做記號。

中心
8.5 8.5
13.5
中心
13.5
做記號。
表底（背面）

※S也依①至③縫合兩片表底。

⑥車縫。
表本體（正面）
1
⑤剪牙口
表本體（背面）
⑦展開縫份。
6・8.5
0.8
6・8.5

表本體（正面）
表本體（背面）
表底（正面）
展開⑤的牙口。
⑧車縫。
1
與底側的記號對齊。

表底（背面）
表本體（背面）
⑨縫份倒向底側。

※裡本體＆裡底也依⑤至⑨縫製。

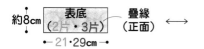

裁布圖

※標示尺寸已含縫份。
※■…S・■…M・■…通用

約8cm
表底（2片・3片）
疊緣（正面）
21・29cm

約8cm
提把（2片）
疊緣（正面）
36・46cm

約8cm
口袋（2片）
疊緣（正面）
32cm

約8cm
口布（1片）
疊緣（正面）
64・90cm

25・35cm
表本體
21 29
33・46
摺雙
表布（正面）
70・100cm

25cm
裡本體
21
33
裡底
21
14
摺雙
裡布（正面）
90cm

摺雙
裡底（1片）
29
19
裡布（正面）
65cm
裡本體
29
46
100cm

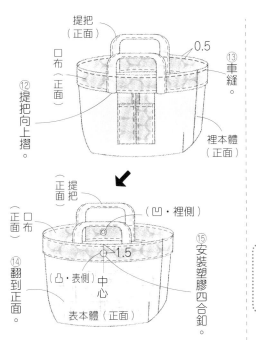

⑫ 提把向上摺。
提把（正面）
口布（正面）
0.5
⑬ 車縫。
裡本體（正面）

（正）提把
（正）口布
（凹·裡側）
⑮ 安裝塑膠四合釦。
⑭ 翻到正面。
○−1.5
中心
（凸·表側）
表本體（正面）

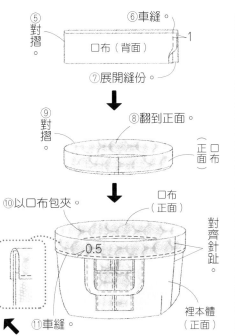

⑤ 對摺。
⑥ 車縫。
口布（背面）
1
⑦ 展開縫份。

⑨ 對摺。
⑧ 翻到正面。
口布（正面）

⑩ 以口布包夾。
口布（正面）
0.5
對齊針趾
⑪ 車縫。
裡本體（正面）

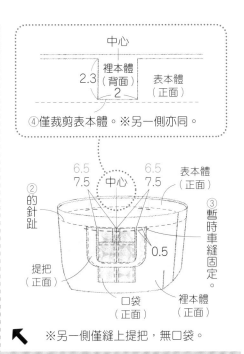

中心
裡本體（背面）
2.3
表本體（正面）
2
④ 僅裁剪表本體。※另一側亦同。

6.5 6.5
7.5 中心 7.5
表本體（正面）
② 的針趾
0.5
③ 暫時車縫固定。
提把（正面）
口袋（正面）
裡本體（正面）

※另一側僅縫上提把，無口袋。

P.33_ No.**26** ／ **簡約托特包**

材料
表布（棉牛津布）137cm×30cm
配布（棉麻輕帆布）105cm×40cm／**裡布**（棉密織平紋布）146cm×40cm
接著襯（swany medium）92cm×90cm／**底板** 30cm×15cm

原寸紙型
D面

完成尺寸
寬45×高27×側身15cm
（提把35cm）

作法影片
https://youtu.be/BJbX8kO-jps

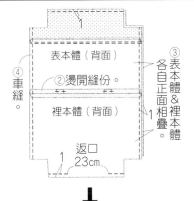

1
表本體（背面）
③ 表本體&裡本體各自正面相疊。
④ 車縫。
② 燙開縫份。
裡本體（背面）
1
返口23cm
1

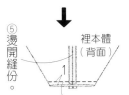

⑤ 燙開縫份。
裡本體（背面）
1
⑥ 對齊脇邊線&底線車縫。
※另一邊&表本體作法亦同。

⑨ 剪成圓角。
14.5
底板
29.5
⑩ 從返口放入底板，縫合返口。

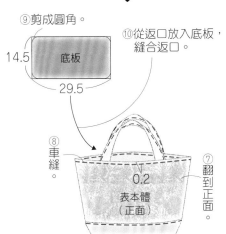

⑧ 車縫。
0.2
表本體（正面）
⑦ 翻到正面。

※另一條作法亦同。

1. 製作提把
① 摺疊。
提把（正面）
1
② 車縫。
0.2
1

2. 車縫表本體
表本體（正面）
底（背面）
1
① 車縫。

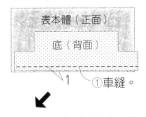

④ 暫時車縫固定。
中心
6.5 6.5
0.5
② 縫份倒向底側。
表本體（正面）
提把（正面）
③ 車縫。
底（正面）
0.2
※另一片作法亦同。

3. 疊合表本體&裡本體

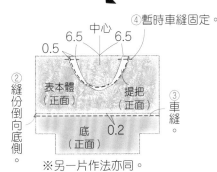

1
表本體（正面）
① 車縫。
裡本體（背面）
※另一片作法亦同。

裁布圖
※除了提把之外無原寸紙型，請依標示尺寸（已含縫份）直接裁剪。
※▨ 處需於背面燙貼接著襯。

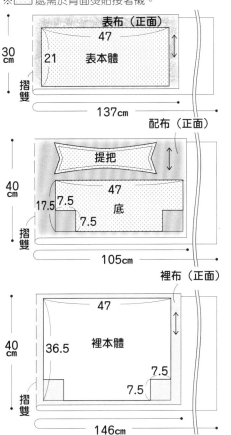

表布（正面）
47
30cm 21 表本體
摺雙
137cm

配布（正面）
提把
47
40cm 17.5 7.5 底
7.5
摺雙
105cm

裡布（正面）
47
40cm 36.5 裡本體
7.5
7.5
摺雙
146cm

材料
表布（CEBONNER®）142cm×80cm
配布（CEBONNER®）142cm×20cm
雙面雞眼釦 內徑14mm 2組

原寸紙型
A面

完成尺寸
寬38×高43cm
（提把17cm）

5. 接縫三角布＆內口袋

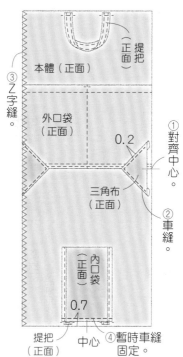

本體（正面）
提把（正面）
③Z字縫。
外口袋（正面）
0.2
①對齊中心。
②車縫。
三角布（正面）
內口袋（正面）
0.7
提把（正面）
中心
④暫時車縫固定。

6. 製作本體

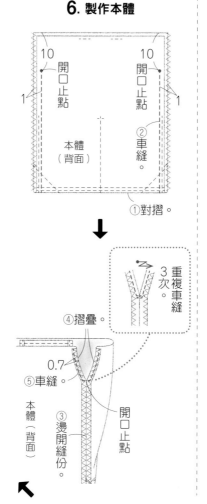

10 開口止點
10 開口止點
1
1
本體（背面）
②車縫。
①對摺。
重複車縫3次。
④摺疊。
0.7
⑤車縫。
③燙開縫份
本體（背面）
開口止點

3. 製作三角布

①摺疊。

三角布（背面）
0.5
0.5
底中心

※另一片作法亦同。

4. 製作內口袋

內口袋（正面）
②車縫。
0.2

①依1cm→1cm寬度往正面三摺邊。

包邊布（正面）
③摺往中央接合。
※另一條作法亦同。
④對摺。

包邊布（背面）
內口袋（正面）
0.9
⑥展開包邊布，對齊邊端車縫。
12
1
⑤摺疊。

※另一側作法亦同。

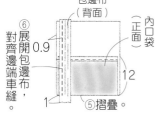
包邊布（正面）
⑦翻到正面。
0.2
包邊布（背面）
⑨對齊摺痕摺疊，包捲縫份車縫。
1
內口袋（正面）
⑧摺疊。

裁布圖

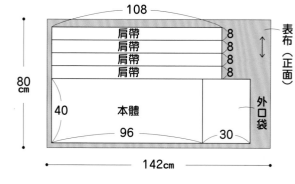
108
肩帶 8
肩帶 8
肩帶 8
肩帶 8
表布（正面）
80cm
40
本體
外口袋
96
30
142cm

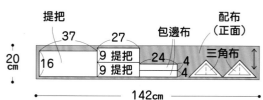
提把
37
27
包邊布
配布（正面）
20cm
16
9 提把
24
4
三角布
9 提把
4
142cm

※除了三角布之外皆無原寸紙型，請依標示尺寸（已含縫份）直接裁剪。

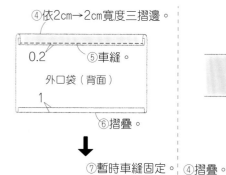
④依2cm→2cm寬度三摺邊。
0.2
⑤車縫。
外口袋（背面）
1
⑥摺疊。

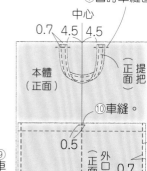
⑦暫時車縫固定。
中心
0.7 4.5 4.5
本體（正面）
提把（正面）
⑩車縫。
0.5
外口袋（正面）
0.7
⑨車縫。
0.5
0.2
⑧暫時車縫固定。
23

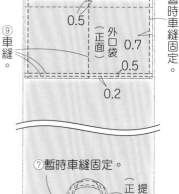
⑦暫時車縫固定。
中心
正面 提把
0.7 4.5 4.5

1. 製作肩帶

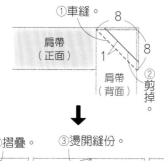
①車縫。
8
肩帶（正面）
8
1
肩帶（背面）
②剪掉。
③燙開縫份。
④摺疊。
1
肩帶（背面）
1

⑤摺往中央接合。
⑥對摺。
⑦車縫。
0.2
肩帶（正面）

※另一條作法亦同。

2. 縫上提把＆外口袋

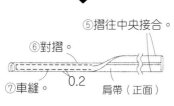
①摺往中央接合。
②對摺。
③車縫。
0.2
提把（正面）

※另一條作法亦同。

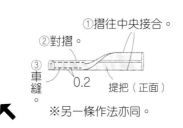

7. 穿入肩帶

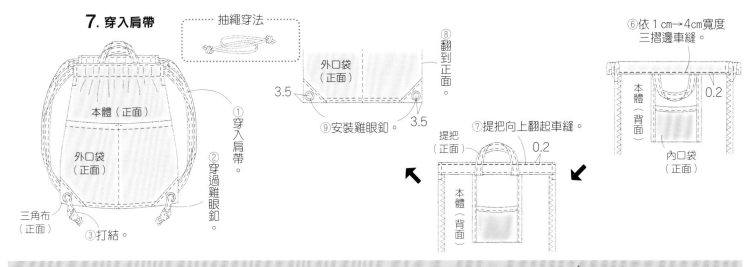

抽繩穿法

本體（正面）

外口袋（正面）

三角布（正面）

①穿入肩帶。

②穿過雞眼釦。

③打結。

外口袋（正面）

3.5

3.5

⑧翻到正面。

⑨安裝雞眼釦。

⑦提把向上翻起車縫。

提把（正面）

0.2

本體（背面）

⑥依 1 cm→4cm寬度三摺邊車縫。

本體（背面）

0.2

內口袋（正面）

P.31 _ No.24 ／ 中央拼接包 長版・短版

材料（※■…長版・ ■…短版・■…通用）
表布（棉布中厚）137cm×60cm・50cm
表布（棉密織平紋布）145cm×60cm・50cm
接著襯（swany soft）92cm×90cm・80cm

完成尺寸
寬27×高21×側身25cm
（提把31cm・21cm）

原寸紙型
D面

3. 車縫提把

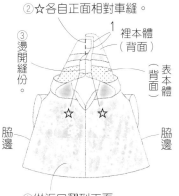

②☆各自正面相對車縫。

③燙開縫份。

裡本體（背面）

表本體（背面）

☆ ☆

脇邊

脇邊

①從返口翻到正面。

※另一側作法亦同。

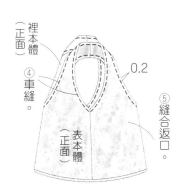

裡本體（正面）

④車縫。

0.2

表本體（正面）

⑤縫合返口。

⑦裡本體各自正面相對車縫。

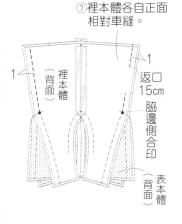

裡本體（背面）

1

返口15cm

脇邊側合印

表本體（背面）

2. 車縫本體＆底

①對齊合印車縫。

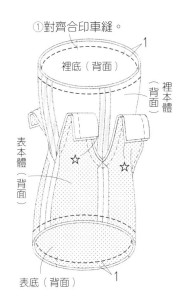

裡底（背面）

裡本體（背面）

表本體（背面）

☆ ☆

表底（背面）

1

作法影片

https://youtu.be/VUQ2gKlw1GA

（裁布圖）

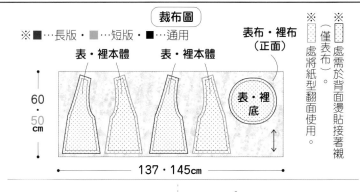

※■…長版・ ■…短版・■…通用

表・裡本體　表・裡本體

表・裡底

表布・裡布（正面）

60・50cm

137・145cm

※處需於背面燙貼接著襯（僅表布）。

※處將紙型翻面使用。

裡本體（正面）

裡本體（背面）

⑤翻開裡本體。

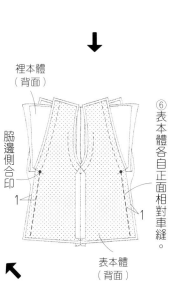

裡本體（背面）

脇邊側合印

1

⑥表本體各自正面相對車縫。

表本體（背面）

1. 製作本體

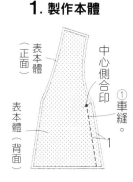

表本體（正面）

表本體（背面）

中心側合印

①車縫。

1

※另一組表本體＆裡本體作法亦同。

★＝9cm

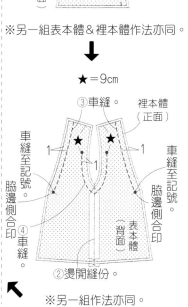

③車縫。

裡本體（正面）

車縫至記號。

★ ★

脇邊側合印

④車縫。

表本體（背面）

車縫至記號。

脇邊側合印

②燙開縫份。

※另一組作法亦同。

材料

表布（棉布中厚）137cm×30cm／**配布**（棉麻輕帆布）105cm×40cm
裡布（棉布）148cm×40cm／**方型鋁框口金**（寬21cm 高9cm）1組
接著襯（soft）92cm×10cm・（medium）92cm×40cm
皮提把（寬2cm 長40cm）1組／**皮革用手縫線** 適量

原寸紙型
D面

完成尺寸
寬21×高25×側身13cm
（提把28cm）

④參照手縫方式接縫提把作法P.69接縫提把。

提把
⑤縫合返口
表本體（正面）

5. 安裝口金

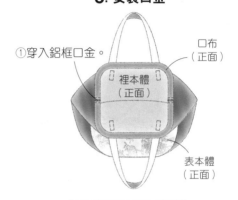

①穿入鋁框口金。
口布（正面）
裡本體（正面）
表本體（正面）

鋁框口金安裝方式

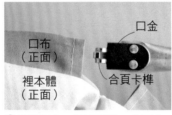

口布（正面）
口金
裡本體（正面）
合頁卡榫

①打開口金，取下螺栓。合頁卡榫朝裡本體，將口金穿入口布。

裡本體（背面）
長螺栓
合頁卡榫

②筆直地與另一邊合頁卡榫扣接，從外側插入長螺栓。

裡本體（背面）
短螺栓

③從內側插入短螺栓，鎖緊固定。另一側也鎖緊固定。

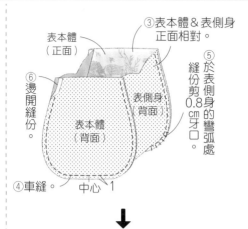

③表本體&表側身正面相對。
表本體（正面）
⑥燙開縫份
表本體（背面）
表側身（背面）
⑤於表側身的彎弧處縫份剪0.8cm牙口。
④車縫。
中心 1

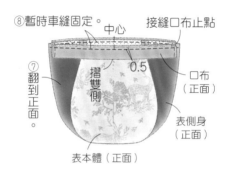

⑧暫時車縫固定。
中心
0.5
接縫口布止點
⑦翻到正面。
摺雙側
口布（正面）
表側身（正面）
表本體（正面）

3. 製作裡本體

①依2.-①②車縫裡側身。

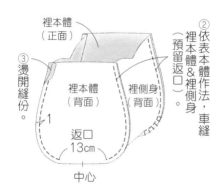

裡本體（正面）
③燙開縫份 1
裡本體（背面）
裡側身（背面）
②依表本體作法，裡本體&裡側身，車縫（預留返口）。
返口 13cm
中心

4. 套疊表本體&裡本體

①將表本體放入裡本體內。

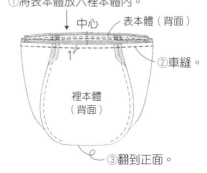

中心
表本體（背面）
1
②車縫。
裡本體（背面）
③翻到正面。

裁布圖

※ 處需於背面燙貼接著襯（soft）。
　 處需於背面燙貼接著襯（medium）。

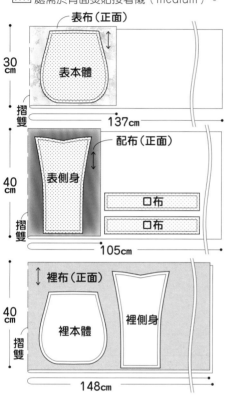

表布（正面）
30cm
表本體
摺雙
137cm

配布（正面）
40cm
表側身
口布
口布
摺雙
105cm

裡布（正面）
40cm
裡本體
裡側身
摺雙
148cm

作法影片
https://youtu.be/KmiYTv5Ecx8

1. 製作口布

②車縫。
①摺疊兩端。
口布（背面）
0.5
1

③對摺。
口布（正面）

※另一條口布作法亦同。

2. 製作表本體

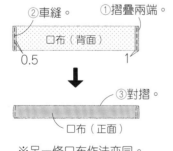

表側身（正面）
表側身（背面）
②燙開縫份。
①車縫。
1

76

材料

表布（平織布）110cm×30cm

配布（棉牛津布）110cm×20cm

裡布（棉密織平紋布）110cm×30cm

接著襯（中厚）92cm×70cm

原寸紙型

D面

完成尺寸

寬32×高29cm

（提把30cm）

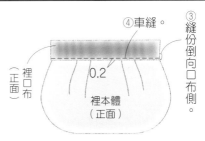

④車縫。

③縫份倒向口布側。

0.2

裡口布（正面）

裡本體（正面）

※另一片裡本體作法亦同。

4. 套疊表本體＆裡本體

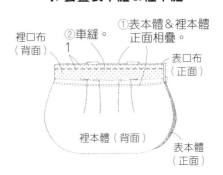

②車縫。

①表本體＆裡本體正面相疊。

裡口布（背面）

表口布（正面）

裡本體（背面）

表本體（正面）

※另一片表本體＆裡本體作法亦同。

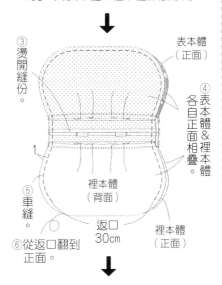

③燙開縫份。

④各自正面相疊。表本體＆裡本體。

表本體（正面）

⑤車縫。

裡本體（背面）

返口30cm

裡本體（正面）

⑥從返口翻到正面。

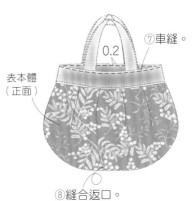

⑦車縫。

0.2

表本體（正面）

⑧縫合返口。

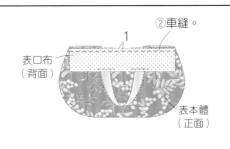

②車縫。

1

表口布（背面）

表本體（正面）

避開提把

表口布（正面）

④車縫。

0.2

③表口布翻到正面，縫份倒向口布側。

表本體（正面）

※另一片表本體作法亦同。

3. 製作裡本體

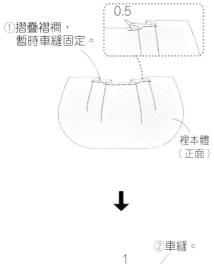

0.5

①摺疊褶襇，暫時車縫固定。

裡本體（正面）

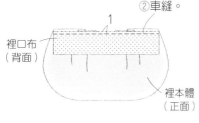

②車縫。

1

裡口布（背面）

裡本體（正面）

裁布圖

※表・裡口布及提把無原寸紙型，請依標示尺寸（已含縫份）直接裁剪。

※▨▨處需於表布背面燙貼接著襯。

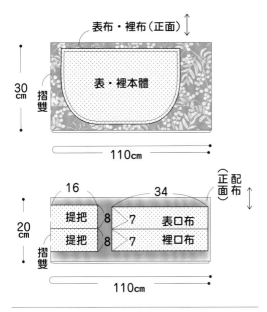

表布・裡布（正面）

表・裡本體

30cm

摺雙

110cm

配布（正面）

16

34

20cm

提把 8 7 表口布

提把 8 7 裡口布

摺雙

110cm

1. 接縫提把

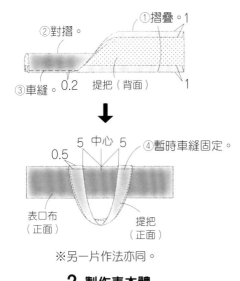

①摺疊。1

②對摺。

③車縫。0.2 提把（背面）1

5 中心 5

④暫時車縫固定。

0.5

表口布（正面）

提把（正面）

※另一片作法亦同。

2. 製作表本體

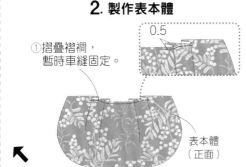

0.5

①摺疊褶襇，暫時車縫固定。

表本體（正面）

材料
表布（平織布）60㎝×25㎝／裡布（棉布）60㎝×30㎝
接著襯（中薄）60㎝×25㎝／線圈拉錬 20㎝ 1條

原寸紙型
B面

完成尺寸
寬18×高13㎝

---

③摺疊褶襉C。

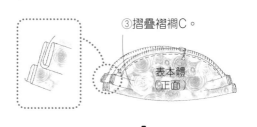
表本體（正面）

↓

④進行疏縫。

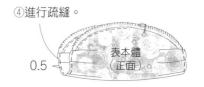
表本體（正面）
0.5

↓

⑤翻到背面。

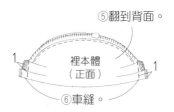
裡本體（正面）
1　1
⑥車縫。

---

4. 處裡縫份

①摺疊。
②摺疊。
1
1
包捲布（背面）

↓

③車縫。

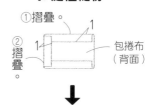
裡本體（正面）
1
包捲布（背面）　包捲布（背面）

↓

包捲布（正面）　包捲布（正面）
裡本體（正面）
④包捲縫份，進行藏針縫。

↓

⑤翻到正面。

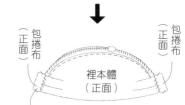
表本體（正面）

---

2. 車縫本體

①表本體＆裡本體各自正面相疊。
②車縫。

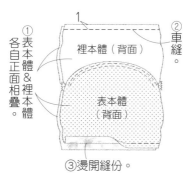
1
裡本體（背面）
表本體（背面）

③燙開縫份。

↓

⑤對齊表本體＆裡本體，暫時車縫固定。

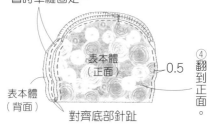
表本體（正面）
0.5
④翻到正面。
表本體（背面）
對齊底部針趾

---

3. 摺疊褶襉

※表本體＆裡本體兩片一起摺疊。
※朝箭頭方向摺疊褶襉。

褶襉A　　　　　　　褶襉A
褶襉B　　紙型　　　褶襉B
褶襉C　　　　　　　褶襉C

↓

①摺疊褶襉A。

表本體（正面）

↓

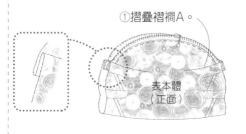
表本體（正面）
②摺疊褶襉B。

裁布圖

※包捲布無原寸紙型，請依標示尺寸（已含縫份）直接裁剪。
※▨▨處需於背面燙貼接著襯。

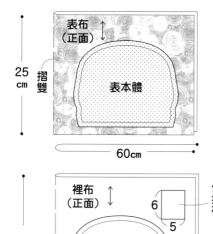
表布（正面）
25㎝　摺雙
表本體
60㎝

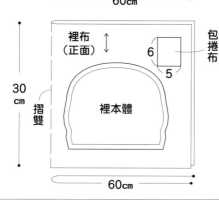
裡布（正面）
30㎝　摺雙
裡本體
6　5
包捲布
60㎝

---

1. 安裝接錬

①暫時車縫固定。
對齊中心。
拉錬（背面）
0.5
表本體（正面）
拉錬安裝止點
安裝拉錬止點

↓

②車縫。
表本體（正面）
1
裡本體（背面）
拉錬安裝止點
安裝拉錬止點

↓

③翻到正面車縫。

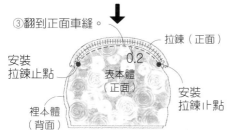
拉錬（正面）
0.2
安裝拉錬止點
表本體（正面）
裡本體（背面）
安裝拉錬止點

※另一側作法亦同。

材料
表布（亞麻布）15cm×15cm
接著襯（薄）15cm×15cm
木胸針托 直徑5.5cm 1個
繡線MOCO 適量（顏色參照P.39）

原寸紙型
P.79或**下載**
下載方法參照P.09

完成尺寸
直徑5.5cm

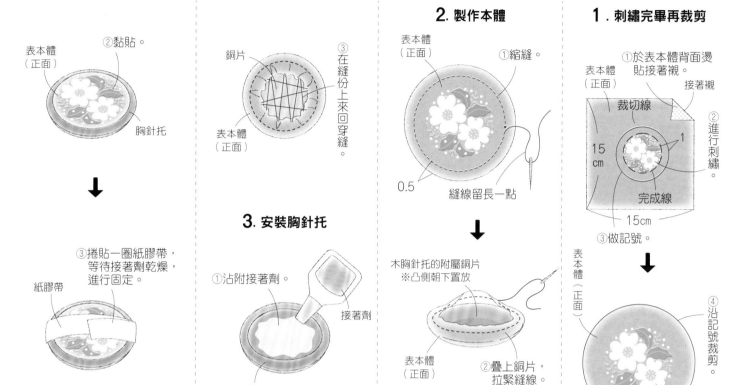

2. 製作本體

表本體（正面）
①縮縫。
0.5
縫線留長一點

1. 刺繡完畢再裁剪

表本體（正面）
①於表本體背面燙貼接著襯。
接著襯
裁切線
15cm
②進行刺繡。
1
完成線
③做記號。
15cm
表本體（正面）
④沿記號裁剪。

3. 安裝胸針托

①沾附接著劑。
接著劑
胸針托

木胸針托的附屬銅片
※凸側朝下置放
表本體（正面）
②疊上銅片，拉緊縫線。

①②黏貼。
表本體（正面）
胸針托

③捲貼一圈紙膠帶，等待接著劑乾燥，進行固定。
紙膠帶

銅片
表本體（正面）
③在縫份上來回穿縫。

原寸刺繡圖案

※繡線種類＆顏色編號參照P.39。
※刺繡針法參照P.47。

【蒲公英】

【粉蝶花】

【大花山茱萸】

材料
表布（平織布）55cm×55cm
裡布（棉布）55cm×50cm
接著襯（中薄）55cm×50cm
金屬拉鍊 20cm 2條
D型環 15mm 2個
附問號鉤肩帶 1條

原寸紙型
無

完成尺寸
寬22×高23×側身3cm

2. 製作吊耳

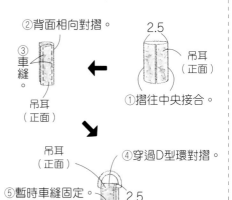

②背面相向對摺。
③車縫。
①摺往中央接合。
吊耳（正面）
2.5

吊耳（正面）
④穿過D型環對摺。
⑤暫時車縫固定。
2.5
0.5

3. 製作表本體

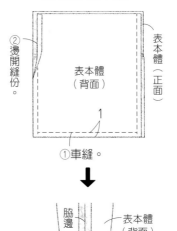

②燙開縫份。
表本體（背面）
表本體（正面）
①車縫。
1

脇邊
表本體（背面）
3
③對齊脇邊線＆底中心車縫。

※另一側作法亦同。

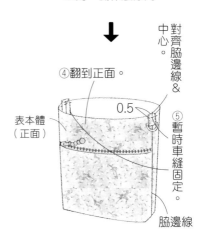

④翻到正面。
對齊脇邊線＆中心
表本體（正面）
0.5
⑤暫時車縫固定。
脇邊線

拉鍊（正面）
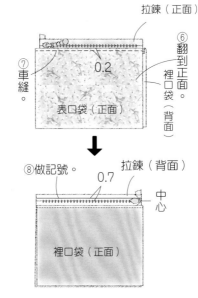
⑦車縫
0.2
表口袋（正面）
⑥翻到正面。
裡口袋（背面）

⑧做記號。
拉鍊（背面）
0.7
中心
裡口袋（正面）

⑨做記號。
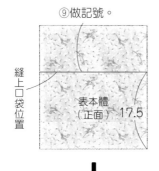
縫上口袋位置
表本體（正面）17.5

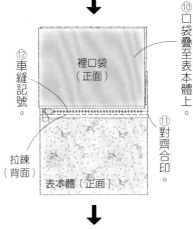
⑫車縫記號。
裡口袋（正面）
⑩口袋疊至表本體上。
拉鍊（背面）
表本體（正面）
⑪對齊合印。

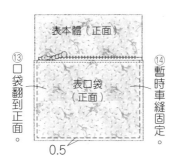
⑬口袋翻到正面
表本體（正面）
表口袋（正面）
0.5
⑭暫時車縫固定。

裁布圖

※各部件無原寸紙型，請依標示尺寸（已含縫份）直接裁剪。
※ ▨ 處需於背面燙貼接著襯。

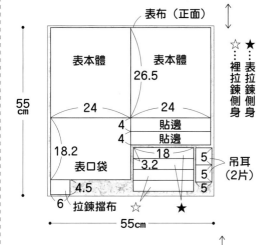

表布（正面）
表本體
表本體 26.5
55cm
24 24
4 貼邊
4 貼邊
18.2
表口袋 18 5
3.2 吊耳（2片）
4.5 5
6 拉鍊擋布 5
☆……表拉鍊側身
★……裡拉鍊側身
55cm

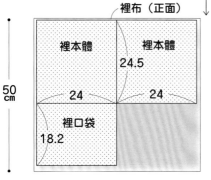

裡布（正面）
裡本體 裡本體 24.5
50cm
24 24
裡口袋 18.2
55cm

1. 製作口袋

①將拉鍊上止前的布帶摺成三角形（參照P.47）。

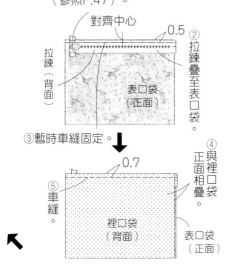

對齊中心
0.5
拉鍊（背面）
②拉鍊疊至表口袋上。
表口袋（正面）
③暫時車縫固定。

0.7
⑤車縫
④與裡口袋正面相疊。
裡口袋（背面）
表口袋（正面）

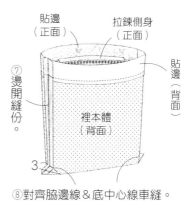

貼邊（正面）　拉鍊側身（正面）

⑦燙開縫份。

貼邊（背面）

裡本體（背面）

3

⑧對齊脇邊線＆底中心線車縫。

6. 套疊表本體＆裡本體

①表本體＆裡本體正面相疊。

表本體（背面）

②車縫。

裡本體（背面）

1

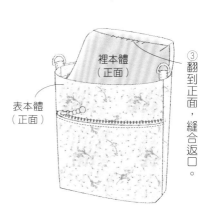

裡本體（正面）

③翻到正面，縫合返口。

表本體（正面）

④車縫。

0.2

表本體（正面）

⑤將肩帶的D型扣接在吊耳的D型環上。

5. 製作裡本體

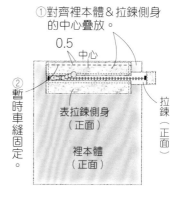

①對齊裡本體＆拉鍊側身的中心疊放。

0.5　中心

②暫時車縫固定。

表拉鍊側身（正面）

裡本體（正面）

拉鍊（正面）

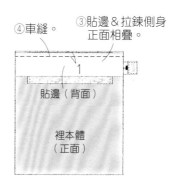

④車縫。

③貼邊＆拉鍊側身正面相疊。

1

貼邊（背面）

裡本體（正面）

拉鍊（正面）

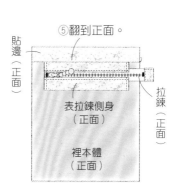

貼邊（正面）

⑤翻到正面。

表拉鍊側身（正面）

裡本體（正面）

拉鍊（正面）

※另一側作法亦同。

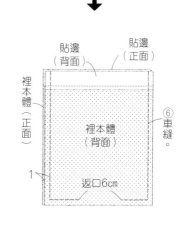

貼邊（背面）　貼邊（正面）

裡本體（正面）

裡本體（背面）

⑥車縫。

1

返口6cm

4. 製作拉鍊側身

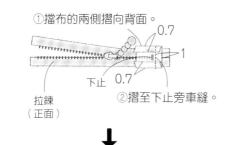

①擋布的兩側摺向背面。

0.7

下止　0.7　1

拉鍊（正面）

②摺至下止旁車縫。

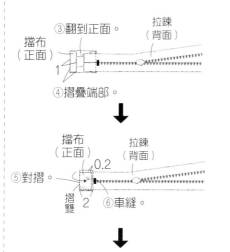

③翻到正面。

擋布（正面）

拉鍊（背面）

1

④摺疊端部。

擋布（正面）　拉鍊（背面）

⑤對摺。

0.2

摺雙　2

⑥車縫。

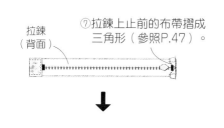

拉鍊（背面）

⑦拉鍊上止前的布帶摺成三角形（參照P.47）。

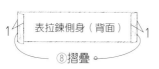

1　表拉鍊側身（背面）　1

⑧摺疊

※另一片表拉鍊側身與兩片裡拉鍊側身作法亦同。

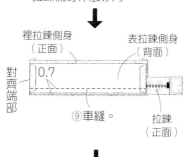

裡拉鍊側身（正面）　表拉鍊側身（背面）

對齊端部

0.7

⑨車縫。

拉鍊（正面）

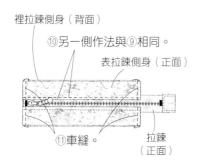

裡拉鍊側身（背面）

⑩另一側作法與⑨相同。

表拉鍊側身（正面）

⑪車縫。

拉鍊（正面）

材料
表布（亞麻布）25cm×20cm／裡布（棉布）30cm×20cm
配布A（棉布）10cm×5cm 3片／不織布（奶油色）5cm×10cm
接著襯（中薄）45cm×14cm
織帶A（黑色）寬1cm 35cm／織帶B（水色）寬1cm 25cm
暗釦 7mm 1組／木串珠（奶油色）直徑3mm 6個
25號繡線（紅色‧奶油色）適量／填充棉 適量

原寸紙型
B面

完成尺寸
寬13×高12.5cm

4. 製作紫花地丁

①摺疊縫份，進行縮縫。

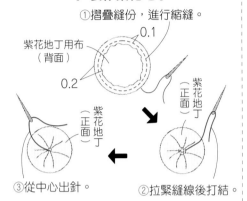

紫花地丁用布（背面）　0.1　0.2
③從中心出針。
②拉緊縫線後打結。

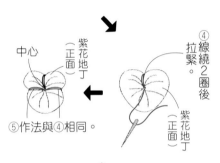

中心　④線繞2圈後拉緊。
⑤作法與④相同。

⑦於中心縫上串珠固定。
⑥直線繡（25號繡線2股‧奶油色）。

※製作6朵。

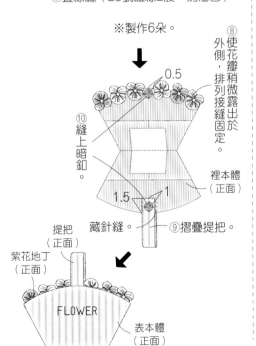

⑧使花瓣稍微露出於外側，排列接縫固定。
⑩縫上暗釦。
0.5　1.5　1
藏針縫。　⑨摺疊提把。
提把（正面）　紫花地丁（正面）　FLOWER　表本體（正面）

2. 製作提把

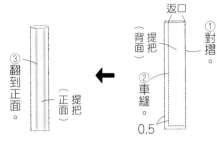

①對摺。　②車縫。0.5　③翻到正面。返口

3. 疊合表本體＆裡本體
※刺繡針法參照P.47。

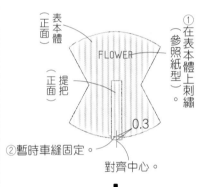

①在表本體上刺繡（參照紙型）FLOWER　②暫時車縫固定。0.3　對齊中心。

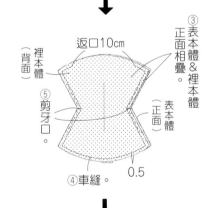

返口10cm　③表本體＆裡本體正面相疊。　⑤剪牙口。　④車縫。0.5

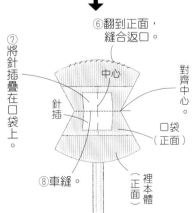

⑥翻到正面，縫合返口。　中心　針插　口袋　對齊中心。
⑦將針插疊在口袋上。　⑧車縫。

裁布圖
※針插‧提把無原寸紙型，請依標示尺寸（已含縫份）直接裁剪。
※□□處需於背面燙貼接著襯。

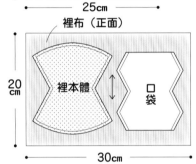

表布（正面）　表本體　提把5×12　20cm　25cm

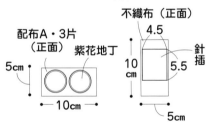

裡布（正面）　裡本體　口袋　20cm　30cm

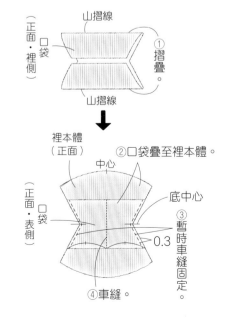

配布A‧3片（正面）紫花地丁 5cm 10cm
不織布（正面）4.5 針插 10cm 5.5 5cm

1. 製作口袋
山摺線　口袋　①摺疊　山摺線
②口袋疊至裡本體。　中心　底中心　0.3　③暫時車縫固定　④車縫。

材料
表布（亞麻布）30cm×15cm／**裡布**（棉布）25cm×15cm
配布（不織布）10cm×10cm
接著襯（中厚）45cm×15cm
織帶A（黑色）寬1cm 70cm／**織帶B**（水色）寬1cm 25cm
暗釦 直徑7mm 1組
25號繡線（紅色・奶油色）適量／**填充棉** 適量

原寸紙型
D面 或 **下載**
下載方法參照P.09

完成尺寸
寬10.5×高10.5cm

織帶的針趾對齊
裡帽簷A的中心線。

④藏針縫。
織帶A（正面）
②以織帶邊端遮住的針趾
⑤於織帶末端塗上防綻液。
裡帽簷A（正面）
中心線

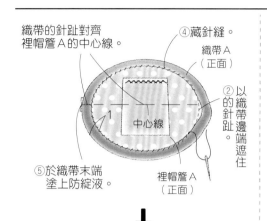

⑥將織帶A翻到正面。
表帽簷A（正面）
⑦藏針縫。

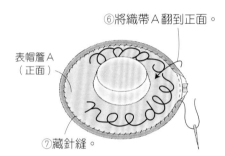

※帽簷B作法亦同。

表帽簷A（正面）
⑧繞一圈。
織帶B（25cm・背面）
織帶的針趾
⑨止縫固定。

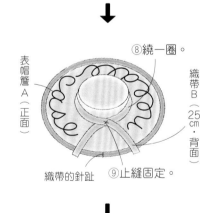

中心線
⑩止縫固定。
裡帽簷B（背面）
裡帽簷A（背面）
0.5　1.5　0.5
⑪縫上暗釦。

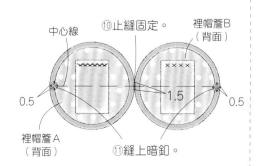

---

2. 製作裡帽簷

裡帽簷A（正面）
針插A（正面）
①藏針縫。
對齊中心。

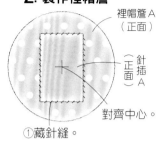

※裡帽簷B與針插B作法亦同。

※刺繡針法參照P.47。

針插A（正面）
裡帽簷A（正面）
0.5
②千鳥繡（25號繡線2股）

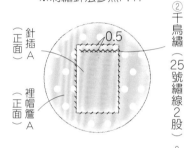

針插B（正面）
裡帽簷B（正面）
0.5　0.3
③十字繡（25號繡線2股）

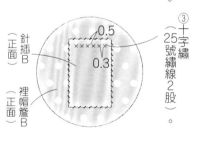

3. 組裝本體

表帽簷A（正面）
②進行疏縫。
裡帽簷A（背面）
0.5
①表帽簷A與裡帽簷A背面相疊。

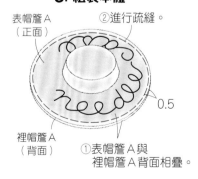

※表帽簷B與裡帽簷B同樣進行疏縫。

織帶A（31.5cm・背面）
摺雙
1
③對摺車縫。

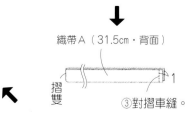

裁布圖

※針插無紙型，請依標示尺寸（已含縫份）直接裁剪。
※ ▨ 處需於背面燙貼接著襯。

表帽簷A　表帽簷B　帽頂
15cm　帽身　表布（正面）　30cm

裡布（正面）
裡帽簷A　裡帽簷B
15cm　25cm

配布（正面）　針插A　針插B
10cm　4.5　4.5　7

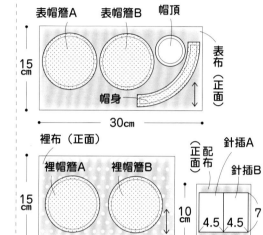

1. 製作帽子

帽身（正面）
①車縫。
②燙開縫份。
0.5

④於縫份剪牙口。
帽頂（背面）
0.5
③正面相疊車縫。
0.5
⑤摺疊。
帽身（背面）

帽身（正面）
⑥翻到正面。
⑦填入棉花。
⑧來回穿縫，防止棉花脫落。

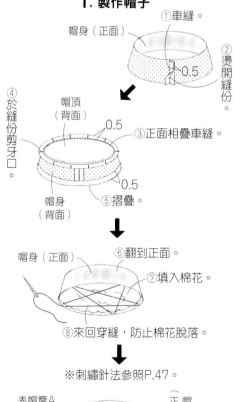

※刺繡針法參照P.47。

表帽簷A（正面）
正面　帽頂
⑨進行刺繡（參照紙型）
⑩藏針縫。

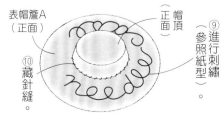

材料

表布（棉布）30cm×55cm／**裡布**（棉布）30cm×55cm／**圓繩** 寬5mm 90cm

配布A・B（棉布）20cm×20cm／**配布C**（棉布）20cm×10cm

配布D・E（棉布）10cm×10cm／**配布F**（棉布）5cm×5cm

接著襯（中薄）30cm×10cm／**雙面接著襯**10cm×10cm

原寸紙型	完成尺寸
D面	寬25×高23×側身4cm

裁布圖

※表・裡本體及莖無原寸紙型，請依標示尺寸（已含縫份）直接裁剪。

※ ▨ 處需於背面燙貼接著襯。

※ ▢ 處將紙型翻面使用。

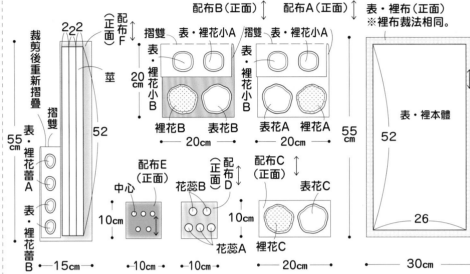

⑤以熨斗將圓繩壓平。

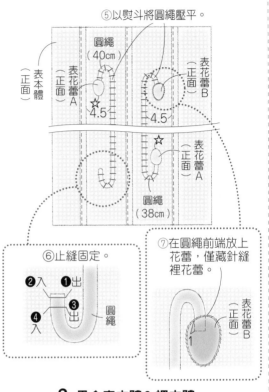

圓繩（40cm）
表花蕾A（正面）
表花蕾B（正面）
表本體（正面）
表花蕾A（正面）
圓繩（38cm）
4.5
4.5

⑥止縫固定。

❷入 ❶出
❸
❹入 ❸出
圓繩

⑦在圓繩前端放上花蕾，僅藏針縫裡花蕾。

表花蕾B（正面）
1

---

3. 疊合表本體&裡本體

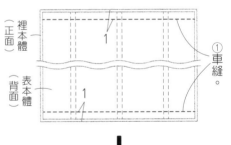

裡本體（正面）
表本體（背面）
①車縫。
1
1

③表本體&裡本體各自正面相疊車縫。

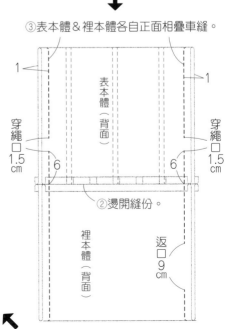

表本體（背面）
1
1
穿繩□ 1.5cm
穿繩□ 1.5cm
6
6
②燙開縫份。
裡本體（背面）
返口9cm

---

2. 接縫花莖

⑧作法與①至⑦相同。

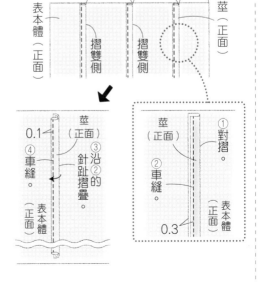

表花小A（正面）
花蕊B
表花小A（正面）

⑨作法與④⑤相同。

表花蕾A（正面）
表花蕾B（正面）
表花小B（正面）
表花小B（正面）

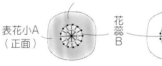

表本體（正面）
7.8 7.8 4.3
摺雙側
摺雙側
莖（正面）

④車縫。
莖（正面）
③沿②針趾摺疊。
0.1
表本體（正面）

①對摺
②車縫。
莖（正面）
表本體（正面）
0.3

---

1. 製作部件

①以雙面接著襯將中心貼至花蕊A。

中心
花蕊A

②以雙面接著襯貼上花蕊A。

表花A（正面）
花蕊A

③進行刺繡（參照紙型）
※刺繡針法參照P.47。

④車縫。

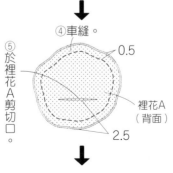

0.5
裡花A（背面）
⑤於裡花A剪切口。
2.5

⑥從切口翻到正面。

⑦機縫刺繡。

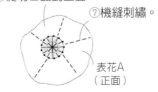

表花A（正面）

※表・裡花B及表・裡花C作法亦同。

5. 穿入抽繩

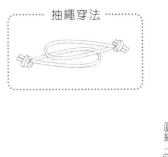

抽繩穿法

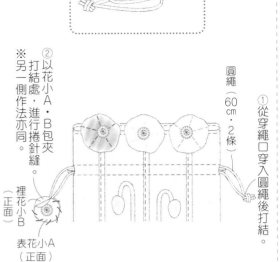

※另一側打結處作法亦同。
②以花小A・B包夾進行捲針縫。
裡花小B（正面）
表花小A（正面）
圓繩（60cm・2條）
①從穿繩口穿入圓繩後打結。

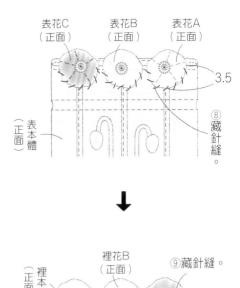

表花C（正面）　表花B（正面）　表花A（正面）
3.5
⑧藏針縫。
表本體（正面）

裡花B（正面）
裡本體（正面）
⑨藏針縫。

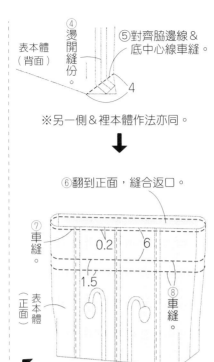

④燙開縫份
⑤對齊脇邊線&底中心線車縫。
表本體（背面）
4
※另一側&裡本體作法亦同。

⑥翻到正面，縫合返口。
⑦車縫。
0.2　6
1.5
表本體（正面）
⑧車縫。

P.13_ No.10 ／ 保溫保冷寶特瓶收納套

材料
表布（牛津布）35cm×35cm
裡布（保溫鋁箔紙）35cm×35cm
接著鋪棉 35cm×35cm／棉織帶 寬2cm 45cm
FLATKNIT拉鍊 40cm 1條

原寸紙型
A面

完成尺寸
寬8×高25×側身6cm

---

1. 裁布

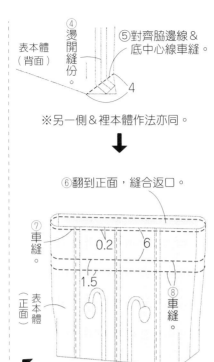

②於表本體背面燙貼接著鋪棉。
表本體（正面）　表本體（正面）
※紙型翻面使用。
①使用表布裁剪2片表本體。
※使用裡布裁剪2片裡本體。

2. 製作本體

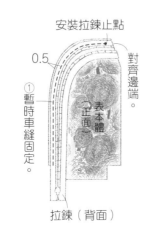

安裝拉鍊止點
0.5
對齊邊端
表本體（正面）
①暫時車縫固定
拉鍊（背面）
※另一側作法亦同。

⑧各自摺疊表・裡本體的側身。
裡本體（背面）
⑥摺疊側身車縫。
裡本體（背面）
裡本體（背面）

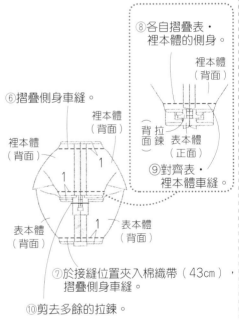

拉鍊（背面）
表本體（正面）
⑨對齊表・裡本體車縫。
1　1
表本體（背面）
⑦於接縫位置夾入棉織帶（43cm），摺疊側身車縫。
⑩剪去多餘的拉鍊。

3. 完成

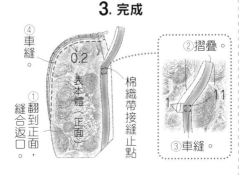

④車縫。
0.2
表本體（正面）
①翻到正面，縫合返口。
②摺疊。
棉織帶接縫止點
1　1
③車縫。

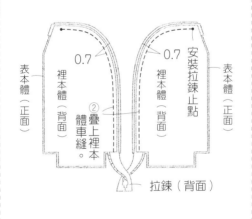

0.7　　0.7
安裝拉鍊止點
表本體（正面）　裡本體（背面）　裡本體（背面）　表本體（正面）
②疊上裡本體車縫。
拉鍊（背面）

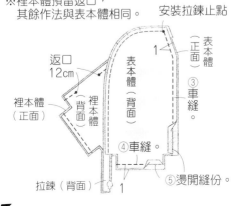

※裡本體預留返口，其餘作法與表本體相同。
安裝拉鍊止點
返口12cm
表本體（背面）
裡本體（正面）
裡本體（背面）
③車縫。
④車縫。
⑤燙開縫份。
拉鍊（背面）
1　1

P.44_No.**35** 金合歡別針作法

原寸紙型 … B面　　　　　　完成尺寸 … 直徑約6㎝
和風布花型板 … B面

工具

①鑷子②竹籤③B7尺寸
硬膠套2片④白膠⑤多用
途接著劑⑥紙膠帶⑦擦手
毛布（擦拭手上沾附的白
膠）

Point

將金合歡的黃花交錯配置於底座的
內外側，將更顯活潑可愛。葉子約
使用3至6種的漸層綠色，以增加作
品深度。

1.製作底座

1

厚紙依紙型裁成輪狀，塗抹白膠，貼上
鋪棉。

〔 準備的配件 〕

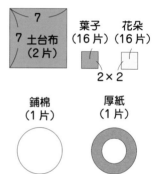

土台布
（2片）

葉子
（16 片）

花朵
（16 片）

2×2

鋪棉
（1 片）

厚紙
（1 片）

材料

土台布（一越縮緬布）7㎝×7㎝ 2片
花（一越縮緬布）2㎝×2㎝ 16片
葉（一越縮緬布）2㎝×2㎝ 16片
厚紙 10㎝×10㎝
鋪棉 10㎝×10㎝
安全扣針 35mm 1個
丸大串珠 16個
保麗龍球 直徑8mm 16個

4

沿厚紙剪掉鋪棉。

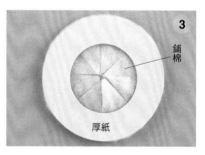

3

剪刀插入 **2** 的切口，沿厚紙邊緣將鋪棉
剪出約8等分的切口。

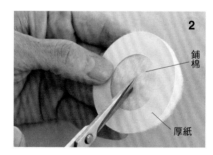

2

於鋪棉中心剪切口。

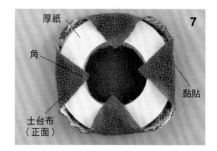

7

土台布向上翻，包覆厚紙，黏住角的部
分。

6

將鋪棉側疊至土台布上，於土台布塗抹
白膠。

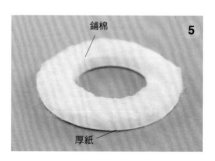

5

剪成輪狀底座。

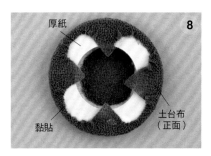

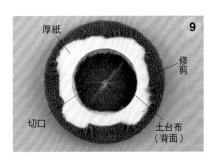

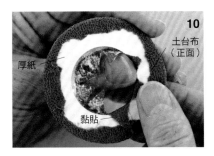

包覆時，注意角與角之間不要起皺。	剪去多餘的角。依 **2** 至 **3** 的鋪棉作法在中心剪切口。	在中心部分塗白膠，以土台布包覆厚紙內側。

2.製作花朵

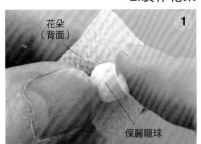

於厚紙側塗白膠，貼至另一片土台布上。	沿著底座，以剪刀剪去土台布的外圍&內側。	保麗龍球塗白膠，放到花朵中心。

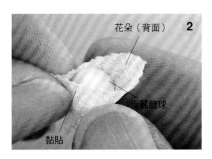

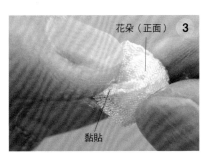

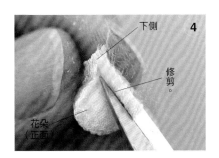

捏住布片對角，貼到保麗龍球上。	另一側對角也捏住貼到保麗龍球上。拉住布片四角緊壓保麗龍球，就能漂亮貼合。	剪去外突部分，將收攏角的一側朝下。

3.製作葉子（圓形捏法）

整理成球型，完成一朵花。共製作16朵。	鑷子夾在布片對角線偏上的位置。	鑷子朝裡側轉動，對摺布片。

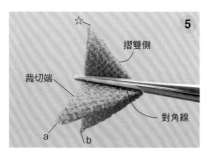

5 摺雙側在上方，鑷子夾在對角線偏上位置。

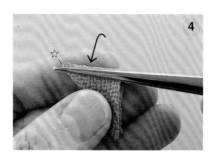

4 鑷子朝裡側轉動，對摺布片。

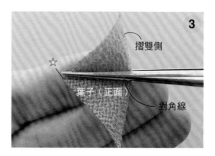

3 改變布片方向，同樣將鑷子夾在對角線偏上位置。

8 將白膠擠在硬膠套上，裁切端沾附白膠。

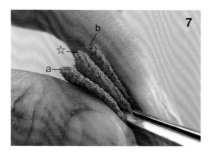

7 向上翻摺，使a、b及☆高度一致。

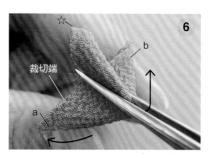

6 以拇指及食指從下方將a、b兩個角摺向左右。

11 再將黏合的裁切端打開。

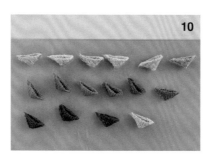

10 共製作16片，放置等待半乾。

9 以手指按壓裁切端，黏合。

Point

13 完成圓形捏法的葉子。共製作16片。

12 從葉子裡側微撐開。

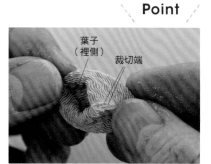

使兩裁切端重新黏合。進行此步驟就可作出漂亮的圓形捏法葉片。

花朵下側沾附白膠。

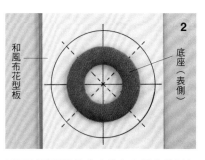

以圓形紙膠帶將底座黏在和風布花型板上。

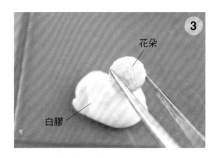

複寫和風布花型板,沿外圍剪下,放入硬膠套內。

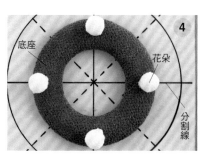

接著在底座內側,③④黏貼的花朵之間貼上8朵花。

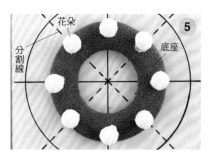

再對齊虛線分割線,貼上4朵花。

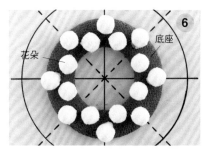

對齊實線分割線,在底座外側貼上4朵花。

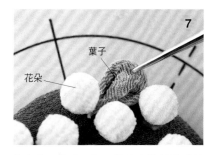

以多用途接著劑將串珠黏在花朵旁。

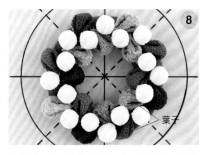

內側也同樣貼上葉子。內外側交錯於花朵間貼上16片葉子。

葉尖背面沾附白膠,從底座外側黏貼於花朵間。

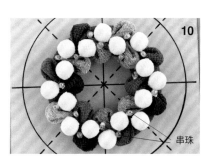

完成!

以多用途接著劑黏上安全扣針。

在花朵的內外側均衡黏貼串珠。等白膠乾燥即可從型板上移開。

SEE YOU NEXT EDITION!

雅書堂　　　搜尋
www.elegantbooks.com.tw

Cotton friend 手作誌
Spring Edition
2024 vol.64

國家圖書館出版品預行編目 (CIP) 資料

春日好手作，迎接一季花滿開的布作派對 / BOUTIQUE-SHA 授權；周欣芃，瞿中蓮，彭小玲譯 . -- 初版 . -- 新北市：雅書堂文化事業有限公司，2024.4
　　面；　公分 . -- (Cotton friend 手作誌；64)
ISBN 978-986-302-712-6 (平裝)

1.CST: 縫紉 2.CST: 手工藝

426.7　　　　　　　　　　　　　113005286

春日好手作，迎接一季花滿開的布作派對

授權	BOUTIQUE-SHA
譯者	周欣芃 ・ 瞿中蓮 ・ 彭小玲
社長	詹慶和
執行編輯	陳姿伶
編輯	劉蕙寧・黃璟安・詹凱雲
美術編輯	陳麗娜・周盈汝・韓欣恬
內頁排版	陳麗娜・造極彩色印刷
出版者	雅書堂文化事業有限公司
發行者	雅書堂文化事業有限公司
郵政劃撥帳號	18225950
郵政劃撥戶名	雅書堂文化事業有限公司
地址	新北市板橋區板新路 206 號 3 樓
網址	www.elegantbooks.com.tw
電子郵件	elegant.books@msa.hinet.net
電話	(02)8952-4078
傳真	(02)8952-4084

2024 年 4 月初版一刷　定價／ 480 元（手作誌 64 ＋別冊）

經銷／易可數位行銷股份有限公司
地址／新北市新店區寶橋路 235 巷 6 弄 3 號 5 樓
電話／ (02)8911-0825
傳真／ (02)8911-0801

STAFF	日文原書製作團隊
編輯長	根本さやか
編集人員	渡辺千帆里　川島順子　濱口亜沙子
編輯協力	浅沼かおり
攝影	回里純子　腰塚良彦　藤田律子
造型	西森 萌
妝髮	タニジュンコ
視覺＆排版	みうらしゅう子　牧 陽子　和田充美　松本真由美
繪圖	爲季法子　三島惠子　高田翔子
	諸橋雅子　星野喜久代　宮路睦子
紙型製作	山科文子
校對	澤井清繪
摹寫	榊原良一

零碼布的
手作
BOOK

人氣作家的布小物20選

商用販售OK！

隨書附贈
含縫份原寸紙型

「商用販售OK」是什麼意思？

本書授權範圍

這本COTTON FRIEND VOL.64春季號隨刊附贈的別冊：「零碼布的手作BOOK・人氣作家的布小物20選」裡收錄的作品，全部皆可供個人製作＆販售的商業用途使用。

所謂「商用販售OK」意指

任何人皆可自由縫製出
與刊載作品相同之物，
並將作品進行販售。

一般刊載於手工藝書及裁縫書中的作品，主要提供個人享受手作樂趣，或作為無償性質的禮物送人也毫無任何問題；但諸如將與刊載作品相同或類似作品予以商品化，並進行販售、展示等，涉及從中獲取利益的行為則被嚴厲禁止。

手作作品從設計到作法、紙型，全部都是製作者也就是作家歷經無數次的試作不斷摸索，花費時間與精力，創作出來的成果。也正因如此，作家、設計者，及其販售商等，皆具有作品本身的著作權，以保護設計的心血。

但若有標示「商用販售OK」或「版權Free」的手工藝書籍或作法，如法炮製進行縫製甚至販售，皆無侵害版權的疑慮。

Q
刊載於「Cotton friend」
本誌中的作品
可供商用販售嗎？

刊載於「Cotton friend」的作品，皆不可商用販售。依「Cotton friend」本誌刊載的作法所縫製出的作品，不可於跳蚤市集或購物網站等處進行販售。但今後若有「商用販售OK」的作品，將會逐一明確標示出來。

Q
除了作品的設計及作法之外，
關於商用販售，
還有其他需要注意的事項嗎？

在製作以販售為目的的手作作品時，請先行確認所使用的布料或其他材料是否可供商業使用。具肖像權圖案的印花布或帶有品牌商標的布標等，皆屬於著作權保護範圍，恕無法進行商用販售。

Q
刊載於手工藝書籍上的
作法或紙型
亦可進行商用販售嗎？

即使是授權可製作作品進行販售，亦不得將其作法用於商業行為。諸如使用刊載的作法及紙型製作成材料包，或經營手藝教室、發放作法解說，亦或從事販售、於網路等平台公開相關資料等行為，皆一律被嚴禁。

重要提醒：遇見可愛的作品、想嘗試製作的作品，進而萌生想要製作販售的念頭時，務必先確認該作品是否有授權提供商用販售喔！

contents

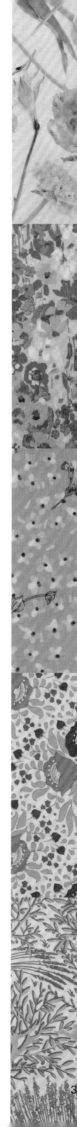

1

袖珍面紙彈片口金波奇包 作法 | P.16

袖珍面紙的抽取口,是將零碼布縱橫交錯配置,進行花樣組合。提把附有問號鉤,可掛在手提袋的提把上,是方便隨身攜帶的便利好物。

作品**No.1・2**創作者…

siromo老師

📷@siromo_fabric

擅長以繽紛的印花布進行配色而廣受好評的布小物作家。在Boutique社出版的布作書《余ったハギレでなに作る?(暫譯:用剩餘的零碼布做什麼呢?)》中,也發表了許多可愛的布小物。

2

圓底束口波奇包 作法｜P.18

以四方形零碼布片製作穿繩通道的設計波
奇包,當手邊有瑣碎的零碼布卻捨不得丟
掉時……特別適合運用此創意巧思!因為
是圓形底部,所以成品更具安定感,且容
量大、實用性卓越。

3

水滴造型零錢包 作法 | P.20

以水滴感輪廓表現可愛風格的附提把零錢
包。內側也有接縫口袋，因此紙鈔及卡片
亦可收納其中。

作品No.3・No.4創作者…
小春老師
YouTube頻道 小春の手作りアカデミー
（小春的手作學園）
▶ @Koharushandmade

經營Youtube頻道「小春の手作りアカデミー
（小春的手作學園）」，訂閱人數超過15萬粉
絲的人氣手作作家。因其淺顯易懂且令人大開眼
界的作法而大獲好評。

4

磁吸式鑰匙圈 作法｜P.23

內藏磁鐵的鑰匙圈。可隨意吸附在玄關
大門及冰箱門上，以藉此減少「這東西
該放哪裡啊？」的煩惱。

5

外紋花樣束口袋　作法｜P.22

將斜向裁剪的零碼布併縫，製成手掌大小
的束口袋。並非採用搭配相同花色的設
計，而是以兩側的素色布來襯托中央花
樣，此組合方式可使配色效果加倍出色。

作品No.5．No.6創作者…
yasumin・山本靖美老師
@@yasuminsmini

活用LIBERTY印花布縫製小物的人氣作家。在
自己創設的YouTube頻道上傳作法影片，吸引
大量人氣；搭配影片互動的成組材料包，更是
深獲好評。

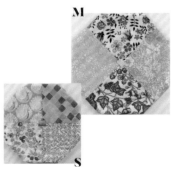

6

八角形圖案裝飾墊S・M 作法 | P.30

八角形意指八邊形。S尺寸最適合作為杯墊，M則適合
當作茶壺墊使用。將中央縫合固定的繡線，亦有壓制
其中包夾之鋪棉的效果。

7

四角形併接的束口提袋 作法 | P.24

將邊長9cm的四方形零碼布併接而成的迷你提袋,是專為
方便出門稍作散步時使用的特製尺寸。不妨拿出喜愛的
零碼布,縫製出僅屬於你的原創手作包吧!

作品No.7～No.9創作者…
はりもぐら。のおうち時間
（針鼴的家中時光）

▶ @harimogu

經營Youtube頻道「はりもぐら。のおうち時間
（針鼴的家中時光）」,訂閱人數超過20萬人
的人氣手作作家。介紹許多任誰都想動手製作的
簡單又流行的布作小物。

8
迷你爆米花波奇包 作法 | P.26

使用凹凸立體格狀鬆餅布，製作出可愛的圓滾滾造型。此作品選用1格約2×2cm的格狀紋理布製作而成。2023年鬆餅布大為流行，相信各位家中還留有許多零碼布吧？

9

用藥紀錄本收納袋 作法 | P.28

表布使用縱長形的零碼布，製作出擁有一個
就會十分方便的用藥紀錄本收納袋。裡布則
是將一片布料摺疊處理，作成可存放卡片的
收納袋。

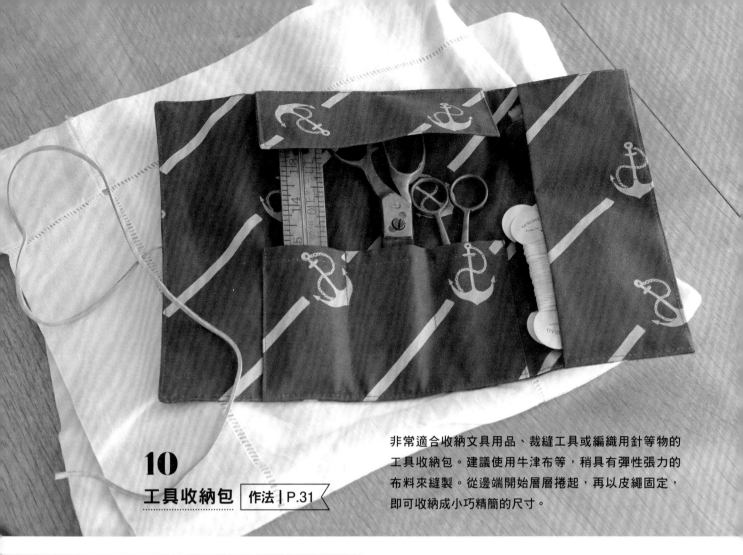

10
工具收納包　作法 | P.31

非常適合收納文具用品、裁縫工具或編織用針等物的工具收納包。建議使用牛津布等，稍具有彈性張力的布料來縫製。從邊端開始層層捲起，再以皮繩固定，即可收納成小巧精簡的尺寸。

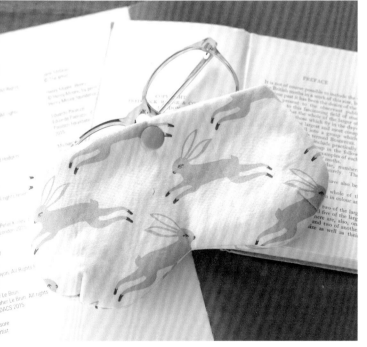

11
眼鏡收納袋　作法 | P.32

能夠確實保護太陽眼鏡及老花眼鏡避免受到刮傷的眼鏡收納袋。由於中間夾有鋪棉，因此觸感格外飽滿柔軟。

12
內附側身拉鍊波奇包　作法 | P.33

只要一拉開拉鍊，就能讓本體大幅度敞開來的拉鍊波奇包。除了可當作筆袋使用之外，似乎亦可作為工具收納袋或化妝包使用。

13

13

袖珍本書套

作法 | P.34

在簡單的袖珍本尺寸的書套上，接縫了小小的提把，製作成手提袋造型的設計。除了攜帶方便之外，可愛的外形更令人驚艷。

表布＝牛津布by kippis（KPO-67C）／株式會社TSUCREA

14

波士頓包型波奇包

作法 | P.35

在使用了長30cm拉鍊的橫長型波奇包上接縫提把，縫製成有如波士頓包般的款式。由於拉鍊開口夠大，更有利於物品的拿取存放！

表布＝牛津布by kippis（KPO-71C）／株式會社TSUCREA

15

雙口袋波奇包

作法 | P.36

內側附有2個口袋的便利款波奇包。可以將用藥紀錄本、卡片類、收據等，較為瑣碎的物品進行分類收納。

表布＝牛津布by kippis（KPO-73C）
裡布＝平織布by kippis（KPS-72A）／株式會社TSUCREA

16

御飯糰保鮮袋

作法 | P.38

可放入2至3個便利商店三角飯糰的收納袋。內側縫有可保溫保冷的內襯，亦可防止變形，攜帶更加輕鬆。

表布＝牛津布by kippis（KPS-72A）／株式會社TSUCREA

17

星星造型杯墊　　作法｜P.27

透過5處抽拉褶襉的方式來呈現出立體感的杯墊。當置放杯子時，邊緣立起的醒目設計即成為視覺重點。

表布＝平織布（cfm-372・A 帶有陰影的點點花樣／藍色）／CF Marche

18

圓形束口袋　　作法｜P.39

以裁剪成圓形的布料製作的束口袋，亦是可作為類似布作收納盤般使用的好用物品。非常適合收納糖果或手藝用固定夾！

裡布＝平織布（cfm-383・C bambi／mintblue）／CF Marche

19

布作置物盤S・M・L　　作法｜P.40

以布料製作的置物盤，只要事先多做幾個不同尺寸，即可隨手收納瑣碎小物，相當方便。不使用時，可疊放收納的簡便性也非常優質。

設計＝本橋よしえ　縫製＝小林かおり

S・表布＝平織布（雲　B・藍色）
M・表布＝平織布（雲　C・牛奶糖色）
L・表布＝平織布（雲　A・紅色）／textile pantry

20

荷葉邊手提袋　　作法｜P.41

雖然使用了比印象中的零碼布再稍大尺寸的布料，但手邊若有喜歡的平織布或尼龍布料，就會令人忍不住想要親手製作啊！這是可輕鬆放入Cotton friend雜誌的好用尺寸。

表布＝平織布（cfm-383・C bear／caramel）／CF Marche

袖珍面紙彈片口金波奇包

材料
表布（棉布）30 cm ×20 cm
配布 A（棉布）20 cm ×15 cm／配布 B（棉布）20 cm ×15 cm
配布 C（棉布）15 cm ×15 cm／配布 D（棉布）15 cm ×15 cm
配布 E（棉布）20 cm ×15 cm／裡布（平織布）30 cm ×20 cm
附問號鉤的提把 24 cm 1 條
附吊耳彈片口金 10 cm ×1 cm 1 個

完成尺寸
橫長 10× 縱長 14 cm

原寸紙型
無

裁布圖
※標示尺寸已含縫份。

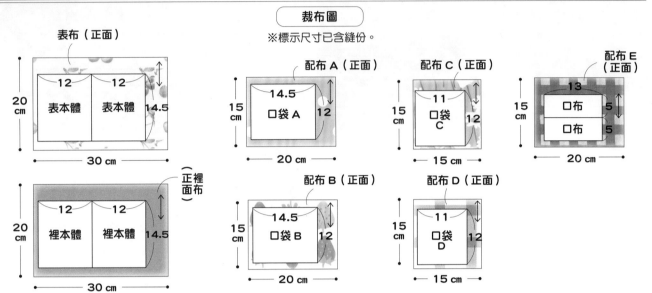

表布（正面）

20 cm

12	12
表本體	表本體

14.5

30 cm

配布 A（正面）

15 cm

14.5
□袋 A

12

20 cm

配布 C（正面）

15 cm

11
□袋 C

12

15 cm

配布 E（正面）

15 cm

13
□布

5

□布

5

20 cm

（正裡面布）

20 cm

12	12
裡本體	裡本體

14.5

30 cm

配布 B（正面）

15 cm

14.5
□袋 B

12

20 cm

配布 D（正面）

15 cm

11
□袋 D

12

15 cm

---

1. 製作表本體

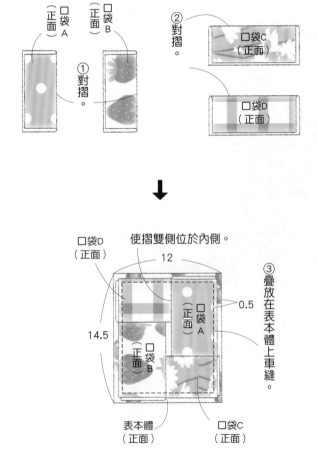

（正面）□袋 A

（正面）□袋 B

①對摺。

②對摺。

□袋 C（正面）

□袋 D（正面）

口袋D（正面）
使摺雙側位於內側。
12

（正面）□袋 A

0.5

③疊放在表本體上車縫。

14.5

（正面）□袋 B

表本體（正面）

口袋C（正面）

2. 接縫口布

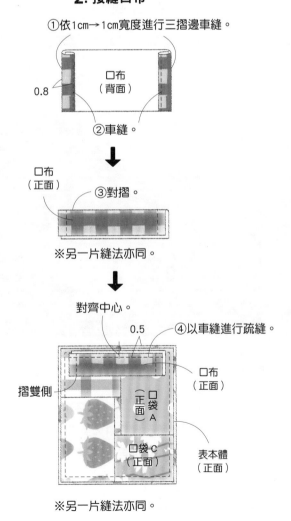

①依1cm→1cm寬度進行三摺邊車縫。

0.8

□布（背面）

②車縫。

□布（正面）

③對摺。

※另一片縫法亦同。

對齊中心。

0.5

④以車縫進行疏縫。

摺雙側

□布（正面）

（正面）□袋 A

□袋 C（正面）

表本體（正面）

※另一片縫法亦同。

3. 疊合表本體&裡本體

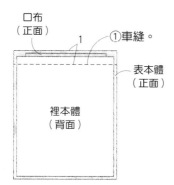

口布（正面）
①車縫。
1
表本體（正面）
裡本體（背面）

※另一組縫法亦同。

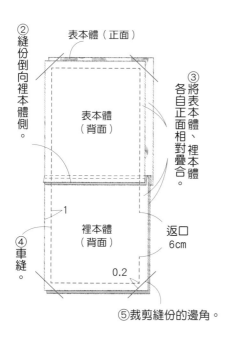

②縫份倒向裡本體側。

表本體（正面）

③將表本體、裡本體各自正面相對疊合。

表本體（背面）

裡本體（背面）

1

④車縫。

返口6cm

0.2

⑤裁剪縫份的邊角。

4. 縫製完成

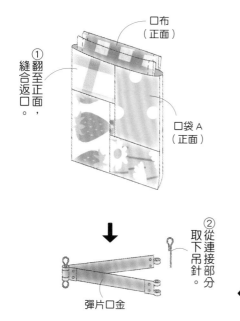

口布（正面）

①翻至正面，縫合返口。

口袋A（正面）

②從連接部分取下吊針。

彈片口金

③將彈片口金分別穿入口布中。

彈片口金

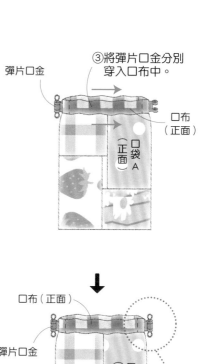

口布（正面）

口袋A（正面）

口布（正面）

彈片口金

口袋A（正面）

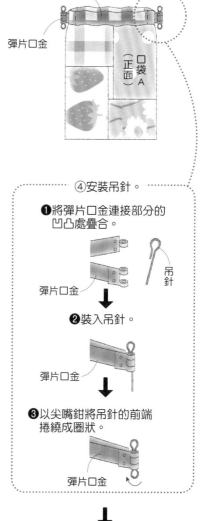

④安裝吊針。

❶將彈片口金連接部分的凹凸處疊合。

彈片口金

吊針

❷裝入吊針。

彈片口金

❸以尖嘴鉗將吊針的前端捲繞成圈狀。

彈片口金

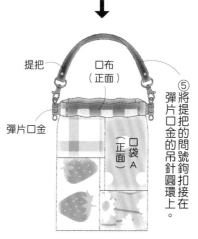

提把

口布（正面）

彈片口金

口袋A（正面）

⑤將提把的問號鉤扣接在彈片口金的吊針圓環上。

17

材料
表布（牛津布）45 cm ×30 cm
配布 A（牛津布）15 cm ×15 cm
配布 B（牛津布）10 cm ×5 cm ×8 片
裡布（牛津布）45 cm ×40 cm
接著襯（中薄）40 cm ×25 cm／**布標** 1 片
細圓繩（茶色）粗 4 mm 55 cm／**繩扣** 1 個

完成尺寸
直徑 11× 縱長 18.5 cm

原寸紙型
P.42

裁布圖

※標示尺寸已含縫份。
※▨▨▨需於背面側的完成線內燙貼接著襯。

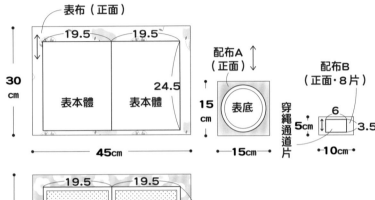

表布（正面）
19.5　19.5
30 cm
45cm
表本體　表本體
24.5

配布A
（正面）
15 cm
表底
15cm

配布B
（正面·8片）
穿繩通道片
6
5cm　3.5
10cm

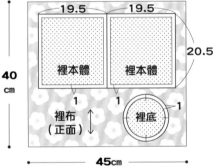

19.5　19.5
40 cm
裡本體　裡本體
20.5
1　1　1
裡布
（正面）
裡底
45cm

---

1. 製作穿繩通道片

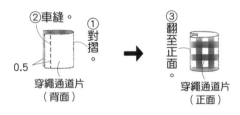

②車縫。
①對摺。
0.5
穿繩通道片
（背面）

③翻至正面。
穿繩通道片
（正面）

※以相同方式製作8片。

2. 接縫布標

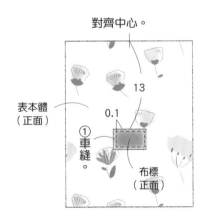

對齊中心。
13
0.1
表本體
（正面）
①車縫。
布標
（正面）

---

3. 接縫穿繩通道

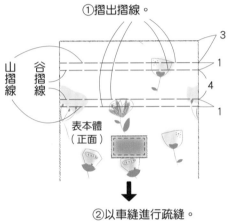

①摺出摺線。
3
1
4
1
山摺線
谷摺線
表本體
（正面）

②以車縫進行疏縫。
0.5　4.3
2.5　3.5
0.5　1.5　1.5　1.5　2.5
穿繩通道片
（正面）
表本體
（正面）

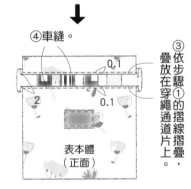

④車縫。
0.1
2　0.1
③依步驟①的摺線摺疊，疊放在穿繩通道片上。
表本體
（正面）

※另一片表本體的縫法亦同。

4. 製作表本體

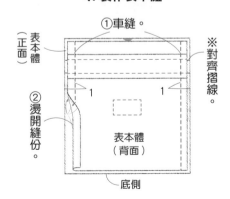

①車縫。
表本體
（正面）
※對齊摺線。
②燙開縫份。
1　1
表本體
（背面）
底側

③表本體&表底正面相對疊合，車縫。

④於縫份處剪0.8cm的牙口。

表本體（背面）

表底（背面）

※底的接縫方法參照下方步驟圖解。

5. 製作裡本體

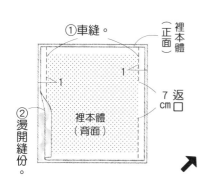

①車縫。

②燙開縫份。

裡本體（正面）

裡本體（背面）

7cm 返口

③車縫。

④於縫份處剪0.8cm的牙口。

裡底（背面）

裡本體（背面）

6. 疊合表本體&裡本體

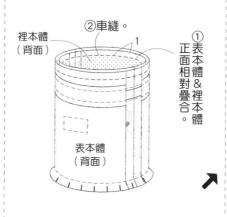

②車縫。

①表本體&裡本體正面相對疊合。

裡本體（背面）

表本體（背面）

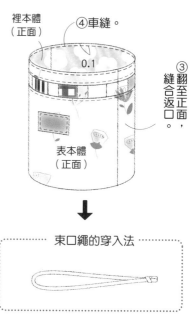

④車縫。

③翻至正面，縫合返口。

裡本體（正面）

表本體（正面）

0.1

束口繩的穿入法

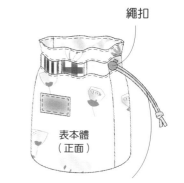

繩扣

表本體（正面）

⑤於穿繩通道穿入細圓繩（55cm・1條），裝上繩扣後，將繩端打結。

漂亮車縫圓底的方法

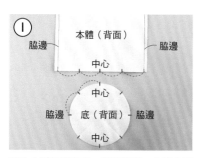

① 脇邊 本體（背面） 脇邊
中心
中心
脇邊 底（背面） 脇邊
中心

縫合本體的脇邊後，燙開縫份。本體&底依圖示加上合印記號。

② 底（背面）
本體（背面）

將底&本體正面相對疊放，對齊中心的合印記號，並以強力夾固定。再對齊脇邊的合印記號，其間的布邊也一一對齊。

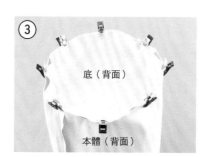

③ 底（背面）
本體（背面）

將合印記號全部以強力夾固定。

④ 本體（背面）
錐子

將本體側朝上，以縫紉機車縫。一邊以錐子壓住布邊，一邊縫合。

⑤ 本體（背面）

底部車縫一圈。

⑥ 本體（正面）
底（正面）

翻至正面，完成！

材料

表布（棉布）45 cm ×30 cm／裡布（棉布）30 cm ×30 cm
接著襯（中厚）15 cm ×25 cm
背膠鋪棉（薄）15 cm ×25 cm
問號鉤 10 mm 1 個／D 型環 10 mm 1 個
塑膠四合釦 直徑 12 mm 1 組
布標 4.5 cm ×1.5 cm 1 片

作法影片

https://x.gd/UZT1R

原寸紙型

P.42

完成尺寸

橫長 10× 縱長 11 cm

裁布圖

※僅提供表・裡本體（畫於接著襯＆背膠鋪棉上）原寸紙型，
其他請依標示尺寸（已含縫份）直接裁剪。

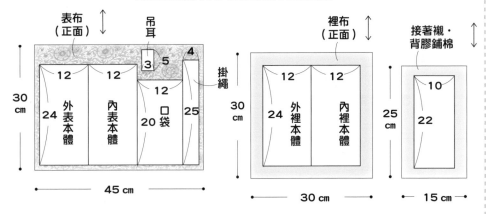

表布（正面）↕

吊耳

掛繩

裡布（正面）↕

接著襯・背膠鋪棉 ↕

30 cm

12　12　4　3　5

24　外表本體　內表本體　口袋　12　25　20

45 cm

12　12

30 cm　24　外裡本體　內裡本體

30 cm

10　22

25 cm

15 cm

---

1. 製作掛繩、吊耳、口袋

【掛繩】

①摺往中央接合。
②對摺。
0.2
0.2
掛繩（正面）

【吊耳】

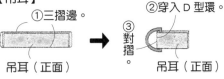

①三摺邊。
②穿入 D 型環。
③對摺。
吊耳（正面）　吊耳（正面）

【口袋】

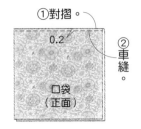

①對摺。
0.2
②車縫。
口袋（正面）

2. 製作外表本體

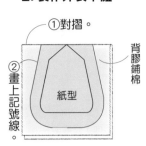

①對摺。
②畫上記號線。
背膠鋪棉
紙型

---

③沿著記號線裁剪。

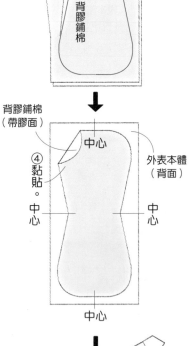

背膠鋪棉

背膠鋪棉（帶膠面）
④黏貼。
中心
外表本體（背面）
中心　中心
中心

⑤車縫。
外表本體（正面）
0.2　0.2
3.5
布標（正面）
中心

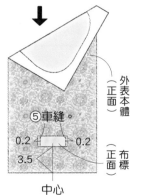

---

3. 製作內本體

①將紙型的中心剪空。

紙型

②對摺。

③畫上記號線。
接著襯（正面）
紙型

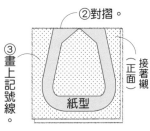

④沿著外側的記號線裁剪。

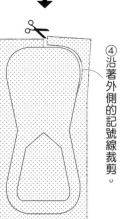

內表本體（背面）
中心
接著襯（帶膠面）
⑤黏貼。
內裡本體（正面）
⑦沿記號線車縫。
中心　中心
⑥與內裡本體正面相對疊合。

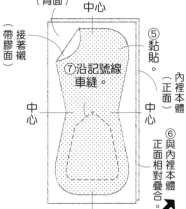

中心

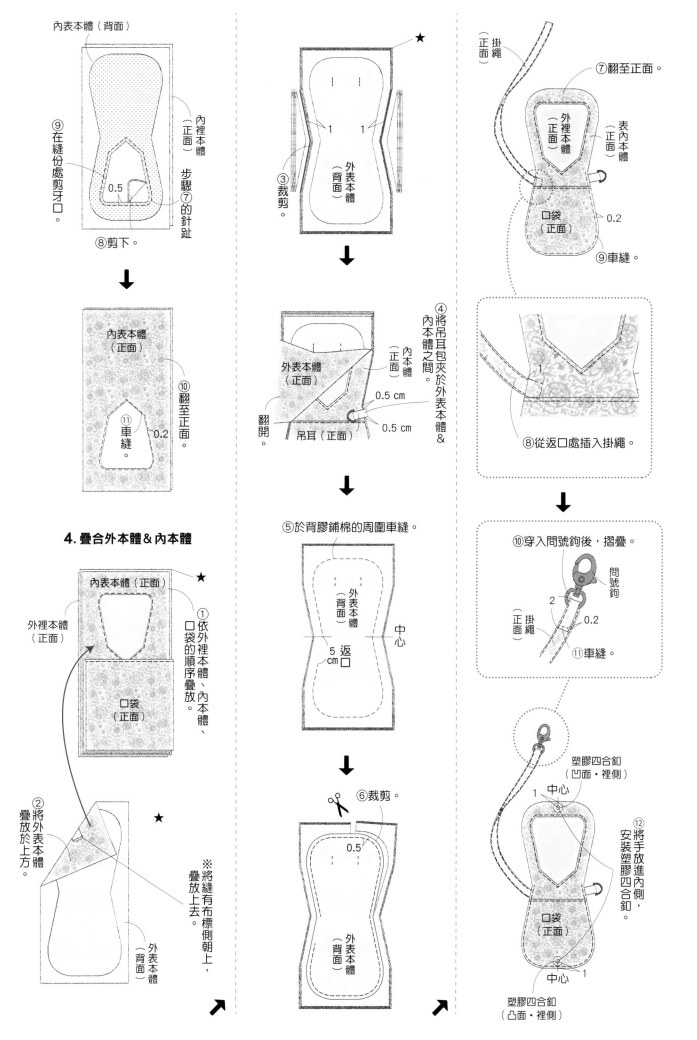

內表本體（背面）

⑨在縫份處剪牙口。

內裡本體（正面）

內表本體
（背面）

0.5

步驟⑦的針趾

⑧剪下。

內表本體（正面）

⑪車縫。

0.2

⑩翻至正面。

---

4. 疊合外本體＆內本體

內表本體（正面）★

外裡本體（正面）

①依外裡本體、內本體、口袋的順序疊放。

②將外本體疊放於上方。

外表本體（背面）

※將縫有布標側朝上，疊放上去。★

外表本體（背面）★

③裁剪。

外表本體（正面）

翻開。

吊耳（正面）

0.5 cm

0.5 cm

內本體（正面）

④將吊耳包夾於外表本體＆內本體之間。

---

⑤於背膠鋪棉的周圍車縫。

外表本體（背面）

中心

5 cm 返口

✂

⑥裁剪。

0.5

外表本體（背面）

正面 掛繩

外裡本體（正面）

⑦翻至正面。

表內本體（正面）

口袋（正面）

0.2

⑨車縫。

1

⑧從返口處插入掛繩。

---

⑩穿入問號鉤後，摺疊。

問號鉤

正面 掛繩

2

0.2

⑪車縫。

塑膠四合釦（凹面・裡側）

中心

1

⑫將手放進內側，安裝塑膠四合釦。

口袋（正面）

中心

1

塑膠四合釦（凸面・裡側）

材料
表布（棉麻布）30 cm×30 cm
配布A（亞麻布）15 cm×15 cm
配布B（亞麻布）15 cm×15 cm
配布C（亞麻布）20 cm×15 cm
配布D（棉布）45 cm×10 cm
裡布（棉布）35 cm×20 cm／**接著襯**（薄）30 cm×30 cm

完成尺寸
橫長13× 縱長15 cm

原寸紙型
無

裁布圖

※標示尺寸已含縫份。
※▨▨需於背面側燙貼接著襯。

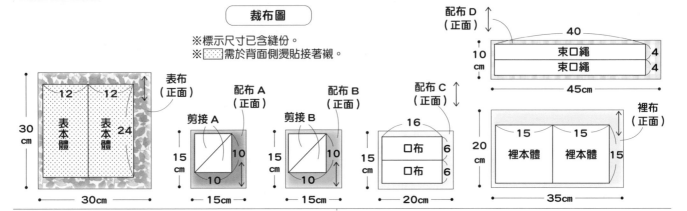

表布（正面）
12　12
表本體　表本體　24
30cm　30cm

配布A（正面）
剪接A
15cm　10
10

配布B（正面）
剪接B
15cm　10
10

配布C（正面）
16
口布　6
口布　6
15cm　20cm

配布D（正面）
束口繩　4
束口繩　4
10cm
40　45cm

裡布（正面）
15　15
裡本體　裡本體　15
20cm　35cm

---

1. 製作口布

①依1cm→1cm寬度進行三摺邊車縫。

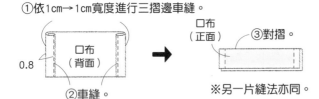

0.8
口布（背面）
②車縫。

口布（正面）
③對摺。

※另一片縫法亦同。

2. 製作束口繩

1
束口繩（背面）
1
①摺疊。

②四摺邊車縫。

0.1
束口繩（正面）

※另一條縫法亦同。

3. 製作表本體

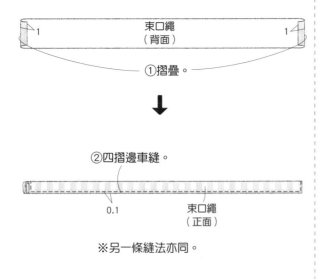

對齊中心。
1
①車縫。
剪接A（背面）
表本體（正面）

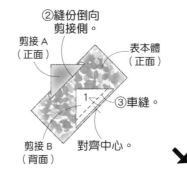

②縫份倒向剪接側。
剪接A（正面）
表本體（正面）
1
③車縫。
剪接B（背面）
對齊中心。

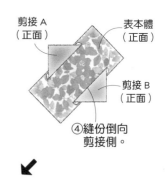

剪接A（正面）
表本體（正面）
剪接B（正面）
④縫份倒向剪接側。

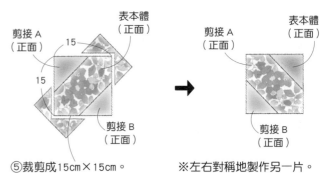

剪接A（正面）
表本體（正面）
15
15
剪接B（正面）
⑤裁剪成15cm×15cm。

剪接A（正面）
表本體（正面）
剪接B（正面）
※左右對稱地製作另一片。

4. 疊合表本體&裡本體

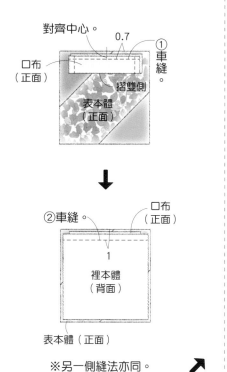

對齊中心。

0.7

口布（正面）

① 車縫。

摺雙側

表本體（正面）

② 車縫。

口布（正面）

1

裡本體（背面）

表本體（正面）

※另一側縫法亦同。

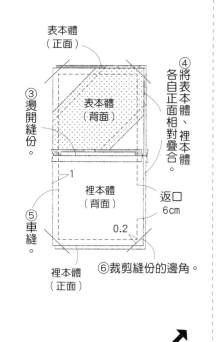

表本體（正面）

③ 燙開縫份。

表本體（背面）

④ 將表本體、裡本體各自正面相對疊合。

1

裡本體（背面）

返口 6cm

⑤ 車縫。

0.2

裡本體（正面）

⑥ 裁剪縫份的邊角。

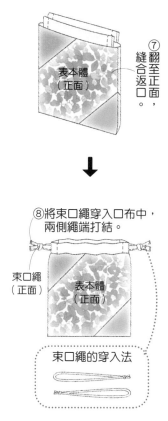

表本體（正面）

⑦ 縫合返口。翻至正面，

⑧ 將束口繩穿入口布中，兩側繩端打結。

束口繩（正面）

表本體（正面）

束口繩的穿入法

P. 7_4 **磁吸式鑰匙圈**

材料
表布（棉布）10 cm×15 cm
接著襯（超定型硬襯）10 cm×15 cm
背膠鋪棉（薄）10 cm×15 cm
磁鐵 直徑 2 cm 1 個
O型圈 直徑 3 cm 1 個

作法影片

https://x.gd/hqtps

完成尺寸
橫長 4×縱長 6.5 cm
（不含 O 型圈）

原寸紙型
P.44

---

1. 裁剪接著襯・背膠鋪棉

① 對摺。

錯開0.5cm

摺雙

本體的紙型

（正面）接著襯

② 畫上記號線。

③ 沿著記號線裁剪。

（正面）本體

2. 製作本體

④ 依紙型裁剪2片。

背膠鋪棉（正面）

中心

表布（背面）

② 黏貼背膠鋪棉

1

① 黏貼接著襯

③ 裁剪 1 cm 外側。

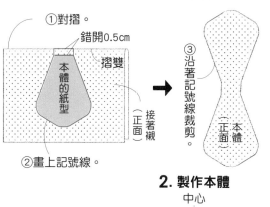

本體（背面）

④ 進行平針縫後，拉緊縫線，沿著接著襯的形狀摺疊。

0.5

⑤ 將縫份止縫固定。

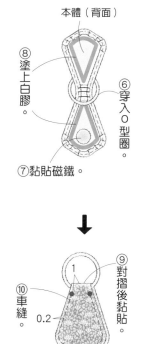

本體（背面）

⑧ 塗上白膠。

⑥ 穿入 O 型圈。

⑦ 黏貼磁鐵。

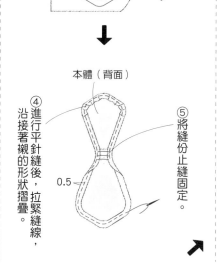

本體（背面）

⑨ 對摺後黏貼

1

⑩ 車縫。

0.2

本體（正面）

材料
表布（平織布）15 cm ×20 cm 9 片
配布 A（牛津布）20 cm ×35 cm
配布 B（平織布）10 cm ×25 cm
配布 C（平織布）30 cm ×40 cm
裡布（牛津布）30 cm ×50 cm／**布標** 4 cm ×0.9 cm
接著襯（中薄）45 cm ×65 cm／**圓繩** 粗 4 mm ×130 cm

完成尺寸
橫長 21× 縱長 21× 側身 3 cm
（提把 30 cm）

原寸紙型
無

裁布圖

※標示尺寸已含縫份。
※▨▨需於背面側燙貼接著襯。

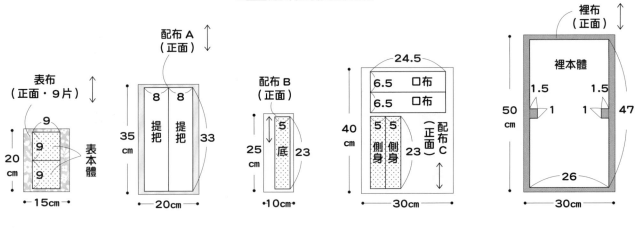

表布
（正面・9 片）
9
9
9
20 cm
15cm
表本體

配布 A
（正面）
8　8
提把　提把
33
35 cm
20cm

配布 B
（正面）
5
底　23
25 cm
10cm

配布 C
（正面）
24.5
6.5　口布
6.5　口布
5　5
側身　側身　23
40 cm
30cm

裡布
（正面）
裡本體
1.5　　1.5
1　　1
50 cm　47
26
30cm

---

1. 將表布縫合固定

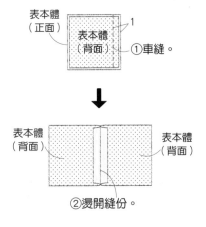

表本體
（正面）
表本體
（背面）
1
①車縫。

表本體
（背面）
表本體
（背面）
②燙開縫份。

③另一片也依步驟①至②相同方式縫合，
橫向併接3片表本體。

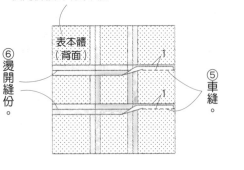

表本體
（背面）
1
1
⑥燙開縫份。
⑤車縫。
※剩餘的9片縫法亦同。

④ 剩餘的6片也依步驟①至③相同方式縫合。

---

2. 接縫布標・提把

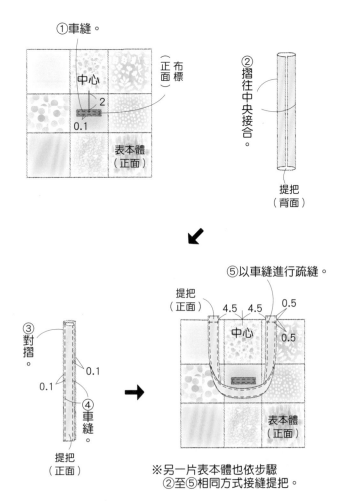

①車縫。
中心
2
0.1
（正面）布標
表本體
（正面）

②摺往中央接合。
提把
（背面）

③對摺。
0.1
0.1
④車縫。
提把
（正面）

⑤以車縫進行疏縫。
提把
（正面）
4.5　4.5　0.5
中心
0.5
表本體
（正面）

※另一片表本體也依步驟
②至⑤相同方式接縫提把。

3. 接縫口布

①依1cm→1cm寬度進行三摺邊車縫。

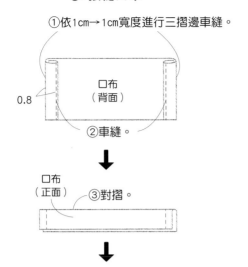

口布
（背面）

0.8

②車縫。

口布
（正面）

③對摺。

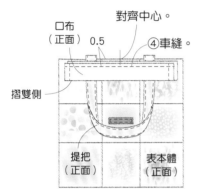

對齊中心。

口布
（正面）　0.5　　④車縫。

摺雙側

提把
（正面）

表本體
（正面）

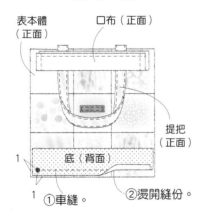

※另一片縫法亦同。

4. 製作表本體

表本體
（正面）　　口布（正面）

提把
（正面）

底（背面）

1

1　①車縫。　②燙開縫份。

※依相同方式將另一片表本體縫合於底的另一側。

③車縫。

1

側身
（背面）

表本體
（背面）

將側身＆表本體
正面相對疊合。

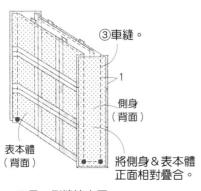

※另一側縫法亦同。

5. 製作裡本體

②車縫。

1

返口
7cm

裡本體
（背面）

①對摺。　③燙開縫份。

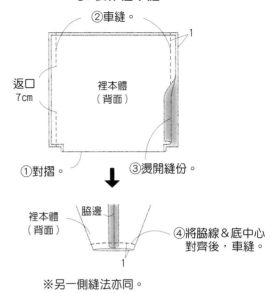

裡本體
（背面）　脇邊

④將脇線＆底中心
對齊後，車縫。

1

※另一側縫法亦同。

6. 疊合表本體＆裡本體

裡本體
（背面）　1　②車縫。

表本體
（背面）

①將表本體＆裡本體
正面相對疊合。

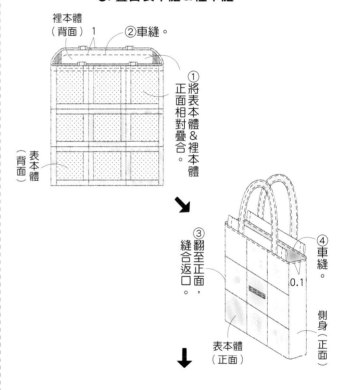

③翻至正面，
縫合返口。

④車縫。

0.1

側身
（正面）

表本體
（正面）

……束口繩的穿入法……

⑤圓繩（65cm・2條）
穿入口布中，將繩端打結。

束口繩

口布
（正面）

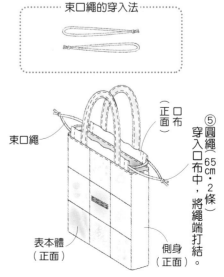

表本體
（正面）　　側身
（正面）

材料
表布（1 格約 2 cm 的格織鬆餅布）45 cm × 45 cm
裡布（平織布）45 cm × 30 cm
接著襯（薄）45 cm × 30 cm
線圈式樹脂拉鍊 20 cm 1 條
鬆緊帶 寬 6 mm 20 cm

完成尺寸
橫長 15× 縱長 12.5 cm × 側身 10 cm
（提把 17 cm）

原寸紙型
P.43

【 裁布圖 】

※提把無原寸紙型。
　請依標示尺寸（已含縫份）直接裁剪。

※▨▨▨需於背面側燙貼接著襯。

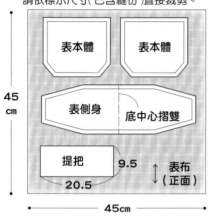

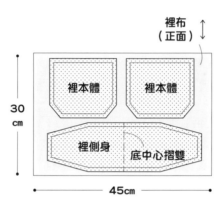

【 裁剪的祕訣 】

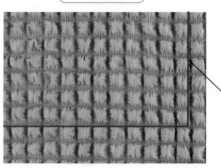

建議使完成線配置於布料的凹痕紋理處，再行裁剪。

---

1. 製作提把

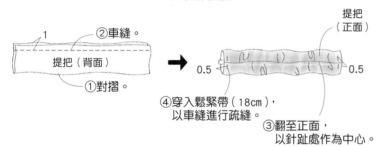

②車縫。
提把（背面）
①對摺。
1
提把（正面）
0.5　0.5
④穿入鬆緊帶（18cm），
　以車縫進行疏縫。
③翻至正面，
　以針趾處作為中心。

2. 製作表本體

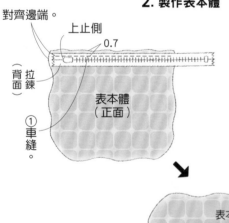

對齊邊端。
上止側
0.7
（背面）拉鍊
表本體（正面）
①車縫。

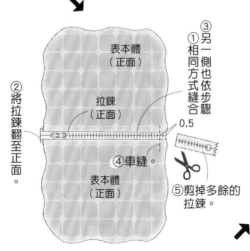

表本體（正面）
拉鍊（正面）
表本體（正面）
②將拉鍊翻至正面。
③另一側也依相同方式縫合步驟
④車縫。
0.5
⑤剪掉多餘的拉鍊。

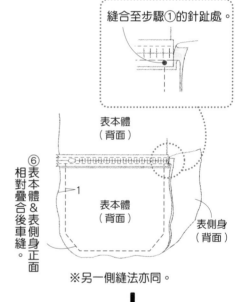

縫合至步驟①的針趾處。
表本體（背面）
⑥表本體＆表側身正面相對疊合後車縫。
表本體（背面）
1
表側身（背面）

※另一側縫法亦同。

針趾側　對齊中心。
拉鍊（背面）
提把（正面）
表本體（背面）
表側身（正面）
1

⑦將提把包夾於表本體＆表側身之間車縫。

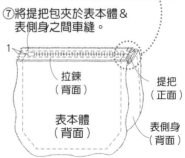

拉鍊（背面）
提把（正面）
1
表本體（背面）
表側身（背面）

※事先打開拉鍊。

3. 製作裡本體

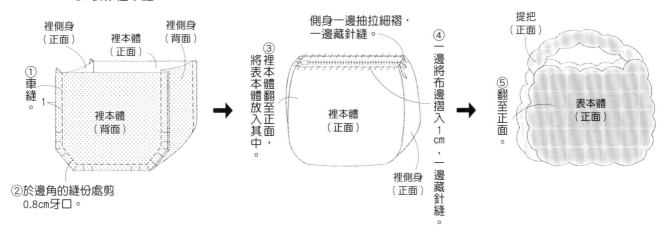

裡側身（正面）　裡本體（正面）　裡側身（背面）

① 車縫。
1
裡本體（背面）

② 於邊角的縫份處剪 0.8cm牙口。

③ 將表本體翻至正面，放入其中。

側身一邊抽拉細褶，一邊藏針縫。
裡本體（正面）
裡側身（正面）

④ 一邊將布邊摺入1cm，一邊藏針縫。

提把（正面）
⑤ 翻至正面。
表本體（正面）

P. 15__**17** **星星造型杯墊**

材料
表布（平織布）25 cm ×25 cm
裡布（平織布）25 cm ×25 cm
接著襯（薄・不織布）25 cm ×50 cm

完成尺寸
橫長 15× 縱長 15 cm

原寸紙型
P.46

【裁布圖】

※▨ 需於背面側燙貼接著襯。

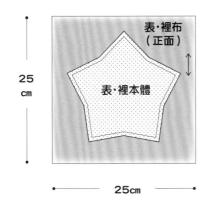

表・裡布（正面）
表・裡本體
25 cm
25cm

---

③翻至正面，縫合返口。
④車縫。
0.2
表本體（正面）

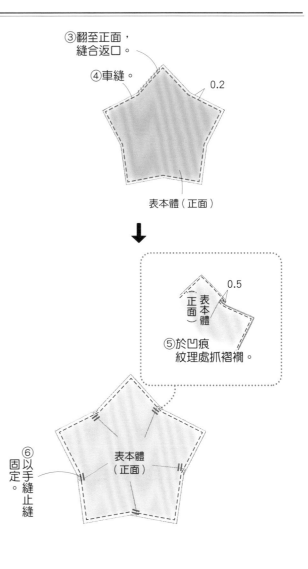

0.5
（正面）表本體
⑤於凹痕紋理處抓褶襇。

⑥以手縫止縫固定。
表本體（正面）

---

1. 製作本體

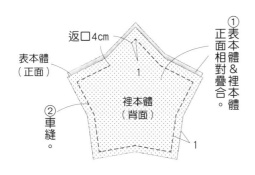

返口4cm
表本體（正面）
① 表本體＆裡本體正面相對疊合。
② 車縫。
1
裡本體（背面）
1

材料
表布 A（平織布）25 cm × 35 cm
表布 B（牛津布）15 cm × 35 cm
裡布（平織布）25 cm × 70 cm
接著襯 A（中薄）25 cm × 35 cm
接著襯 B（薄）25 cm × 70 cm
塑膠四合釦 13 mm 1 組

完成尺寸
橫長 18.5 × 縱長 13 cm

原寸紙型
P.42
（圓角紙型）

裁布圖

※標示尺寸已含縫份。
※—— 的線是使用「圓角紙型」描畫弧形。
※▨需於背面側燙貼接著襯 A，
　▨需於背面側燙貼接著襯 B。

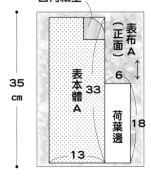

圓角紙型

表布 A（正面）

表布 A（正面）

表本體 A　33

荷葉邊　18

6

13

35 cm

25cm

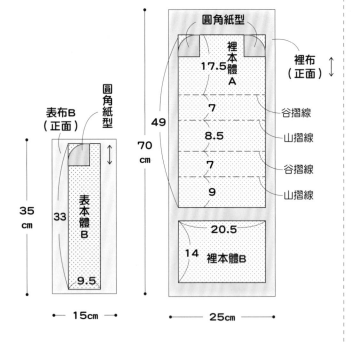

圓角紙型
裡本體 A（正面）
裡布（正面）

17.5
7 ── 谷摺線
8.5 ── 山摺線
7 ── 谷摺線
9 ── 山摺線

49

70 cm

20.5
14　裡本體 B

25cm

表布 B（正面）
圓角紙型

表本體 B　33

9.5

35 cm

15cm

1. 製作荷葉邊

②車縫。
0.5
荷葉邊（背面）
①對摺。

---

④平針縫。
0.3
③翻至正面。
荷葉邊（正面）

⑤拉緊縫線，抽拉細褶。
★　★
☆　荷葉邊（正面）　☆

2. 製作表本體

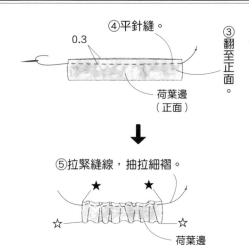

將☆對齊布端。
★　☆
荷葉邊（正面）

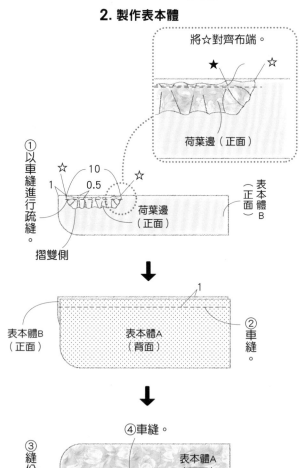

①以車縫進行疏縫。
☆　10　☆
1　0.5
荷葉邊（正面）
摺雙側

表本體 B（正面）

1
表本體 B（正面）　表本體 A（背面）　②車縫。

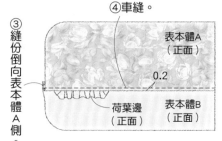

③縫份倒向表本體 A 側。
④車縫。
表本體 A（正面）
0.2
荷葉邊（正面）　表本體 B（正面）

3. 製作裡本體

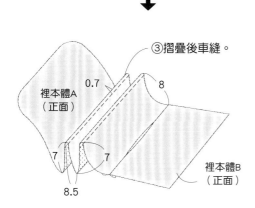

裡本體B
（背面）

裡本體A
（正面）

1

8 返
cm □

①車縫。

②燙開縫份。

↓

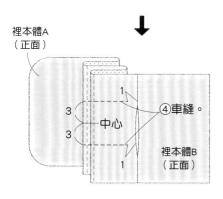

③摺疊後車縫。

裡本體A
（正面）

0.7

8

7

7

8.5

裡本體B
（正面）

↓

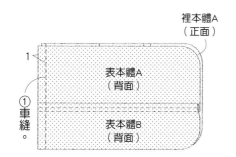

裡本體A
（正面）

1

3

中心

3

④車縫。

裡本體B
（正面）

1

↓

4. 疊合表本體 & 裡本體

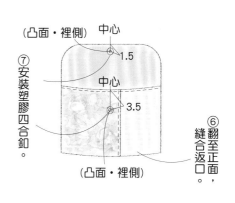

裡本體A
（正面）

1

表本體A
（背面）

①車縫。

表本體B
（背面）

↗

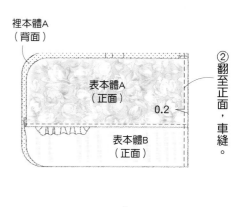

裡本體A
（背面）

表本體A
（正面）

0.2

②翻至正面，車縫。

表本體B
（正面）

↓

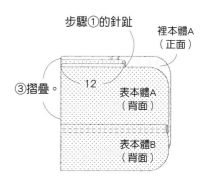

步驟①的針趾

裡本體A
（正面）

③摺疊。

12

表本體A
（背面）

表本體B
（背面）

↓

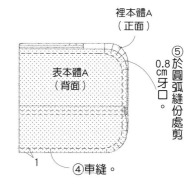

裡本體A
（正面）

表本體A
（背面）

⑤於圓弧縫份處剪0.8cm牙口。

④車縫。

1

↓

（凸面・裡側）

中心

1.5

⑦安裝塑膠四合釦。

中心

3.5

（凸面・裡側）

⑥翻至正面，縫合返口。

材料（■…S・■…M・■…通用）

表布 A（棉麻布）10 cm×10 cm・15 cm×15 cm
表布 B（棉麻布）10 cm×10 cm・15 cm×15 cm
表布 C（棉麻布）10 cm×10 cm・15 cm×15 cm
表布 D（棉麻布）10 cm×10 cm・15 cm×15 cm
裡布（棉布）20 cm×20 cm・25 cm×25 cm／25 號繡線（綠色・黃色）適量
鋪棉（極薄）16 cm×16 cm・20 cm×20 cm

完成尺寸

14×14 cm
18×18 cm

原寸紙型

無

裁布圖

※■＝S・■＝M

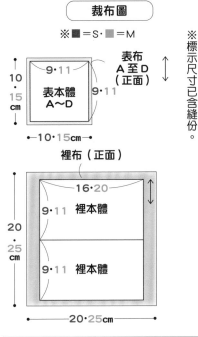

表布
A 至 D
（正面）

9・11
表本體
A〜D
9・11

←10・15cm→
10・15cm

※標示尺寸已含縫份。

裡布（正面）

16・20
9・11　裡本體

9・11　裡本體

20・25
cm

←20・25cm→

---

1. 製作表本體

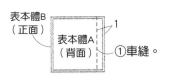

表本體B（正面）
表本體A（背面）　①車縫。　1

※表本體C、D縫法亦同。

表本體A（背面）　表本體B（背面）

②縫份倒向A側。

表本體C（背面）　表本體D（背面）

③縫份倒向D側。

④車縫。　1

表本體D（正面）　表本體B（背面）　表本體A（背面）　表本體C（正面）

縫份交錯倒向對側。

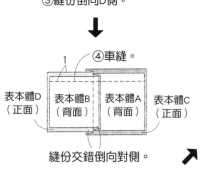

表本體A（背面）　表本體B（背面）

表本體C（背面）　表本體（背面）D

⑤縫份倒向上側。

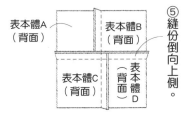

表本體A（背面）　表本體B（背面）

表本體C（背面）　表本體D（背面）

⑥黏貼鋪棉。

---

2. 製作裡本體

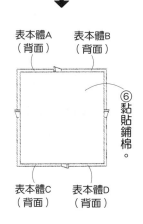

1　①車縫。

返口
6cm

裡本體（背面）

裡本體（正面）

表本體B（正面）　表本體A（正面）

②燙開縫份。

裡本體（背面）　1

裡本體（背面）　③車縫。

表本體D（正面）　表本體C（正面）

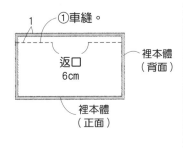

---

④裁剪縫份的邊角。

4.5・6
4.5・6

裡本體（背面）　表本體（正面）

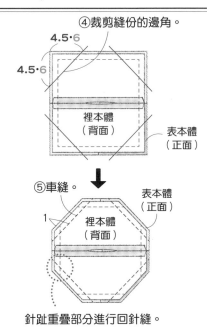

⑤車縫。

1

裡本體（背面）　表本體（正面）

針趾重疊部分進行回針縫。

表本體（正面）

⑥翻合至正面，縫返口。

---

⑦進行刺繡。

※取4股25號繡線

❶線端預留5cm開始刺繡，進行刺繡。

5　1　1

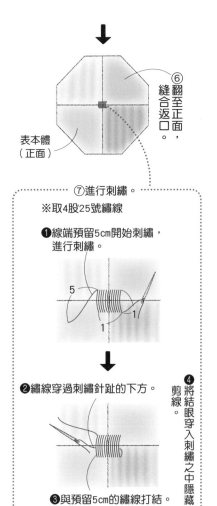

❷繡線穿過刺繡針趾的下方。

❸與預留5cm的繡線打結。

❹將結眼穿入刺繡之中隱藏，剪線。

材料
表布（棉布）80 cm ×40 cm
皮繩 寬 3 mm 60 cm

完成尺寸
橫長 30× 縱長 20 cm

原寸紙型
無

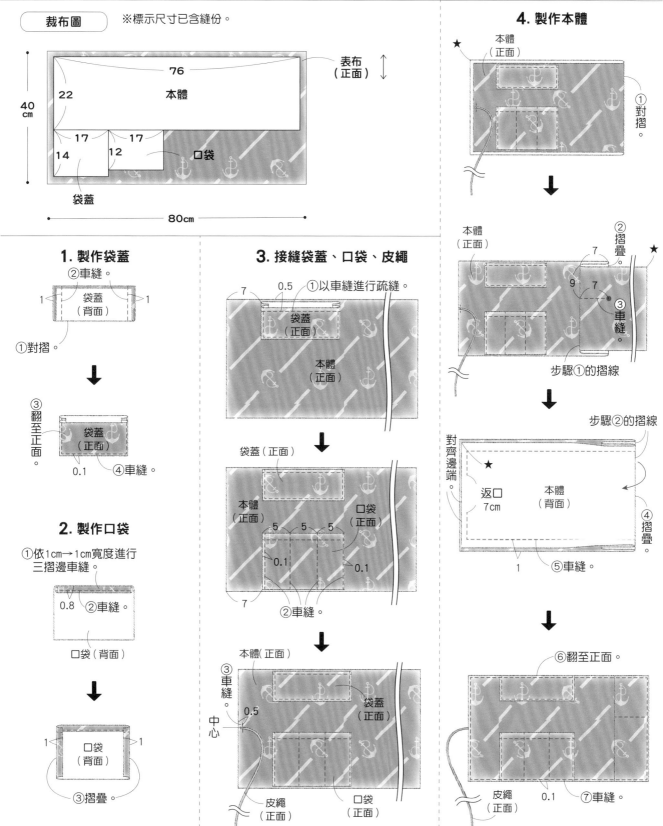

裁布圖　※標示尺寸已含縫份。

76
本體
22
40 cm
表布（正面）
17　　17
14　　12
口袋
袋蓋
80cm

4. 製作本體

★
本體（正面）
①對摺。

本體（正面）
②摺疊。
7
9　7
③車縫。
★
步驟①的摺線

步驟②的摺線
對齊邊端。
★
返口
7cm
本體（背面）
④摺疊。
1
⑤車縫。

⑥翻至正面。

皮繩（正面）
0.1
⑦車縫。

1. 製作袋蓋

②車縫。
1　袋蓋（背面）　1
①對摺。

③翻至正面。
袋蓋（正面）
0.1
④車縫。

2. 製作口袋

①依1cm→1cm寬度進行三摺邊車縫。

0.8　②車縫。
口袋（背面）

1　口袋（背面）　1
③摺疊。

3. 接縫袋蓋、口袋、皮繩

7
0.5　①以車縫進行疏縫。
袋蓋（正面）
本體（正面）

袋蓋（正面）
本體（正面）
口袋（正面）
5　5　5
0.1
0.1
7
②車縫。

③車縫。
中心
0.5
本體（正面）
袋蓋（正面）
皮繩（正面）
口袋（正面）

31

材料
表布（平紋精梳棉布）25 cm×25 cm
裡布（棉布）25 cm×25 cm
背膠鋪棉 25 cm×25 cm
塑膠四合釦 直徑 13 mm 1 組

完成尺寸
橫長 19.5× 縱長 10 cm

原寸紙型
P.43

裁布圖

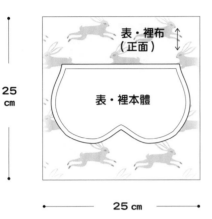

表・裡布
（正面）

25 cm

表・裡本體

25 cm

1. 製作本體

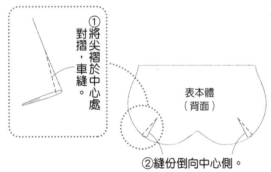

①將尖褶於中心處對摺，車縫。

表本體
（背面）

②縫份倒向中心側。

※另一片表本體＆裡本體的縫法亦同。

③於完成線內燙貼背膠鋪棉。

表本體
（背面）

※另一片表本體的貼法亦同。

表本體
（正面）

④車縫。

表本體
（背面）

1

裡本體
（正面）

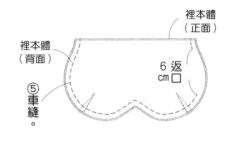

裡本體
（背面）

6 返
cm 口

⑤車縫。

2. 疊合表本體＆裡本體

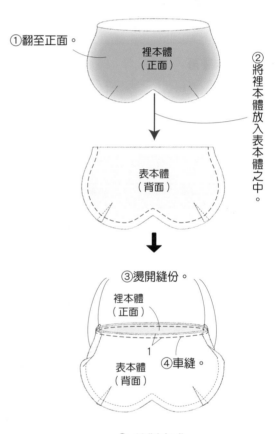

①翻至正面。

裡本體
（正面）

②將裡本體放入表本體之中。

表本體
（背面）

③燙開縫份。

裡本體
（正面）

1

表本體
（背面）

④車縫。

3. 縫製完成

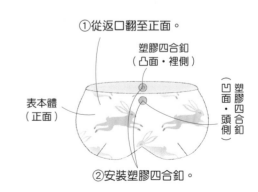

①從返口翻至正面。

塑膠四合釦
（凸面・裡側）

表本體
（正面）

塑膠四合釦
（凹面・頭側）

②安裝塑膠四合釦。

材料
表布（平織布）70cm×25cm
裡布（平織布）70cm×25cm
接著襯（中厚）70cm×25cm
開口拉鍊 30cm1 條

完成尺寸
橫長 18× 縱長 11× 側身 10 ㎝

原寸紙型
P.44

裁布圖

※▨▨ 需於背面側燙貼接著襯（僅限表布）。

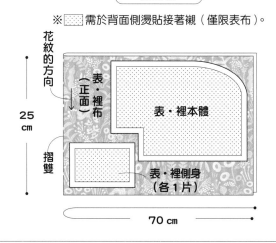

花紋的方向

25 cm

摺雙

表・裡布（正面）

表・裡本體

表・裡側身（各1片）

70 cm

1. 製作本體

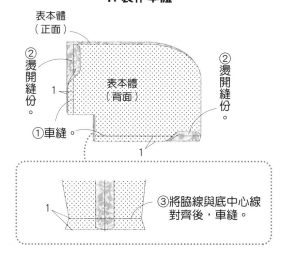

表本體（正面）

②燙開縫份。

表本體（背面）

②燙開縫份。

①車縫

1

③將脇線與底中心線對齊後，車縫。

1

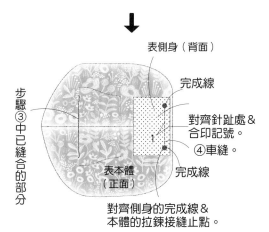

步驟③中已縫合的部分

表側身（背面）

完成線

對齊針趾處＆合印記號。

④車縫。

表本體（正面）

完成線

1

對齊側身的完成線＆本體的拉鍊接縫止點。

※裡本體作法亦同。

2. 疊合表本體＆裡本體

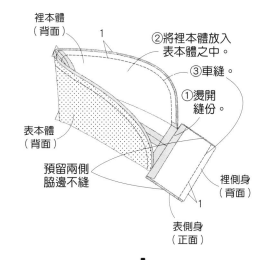

裡本體（背面）

1

②將裡本體放入表本體之中。

③車縫。

①燙開縫份。

表本體（背面）

裡側身（背面）

1

預留兩側脇邊不縫

表側身（正面）

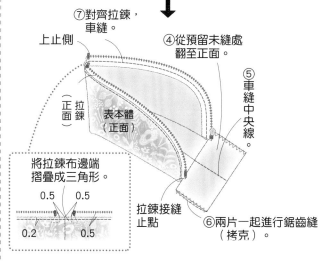

⑦對齊拉鍊，車縫。

上止側

④從預留未縫處翻至正面。

⑤車縫中央線。

（正面）拉鍊

表本體（正面）

拉鍊接縫止點

將拉鍊布邊端摺疊成三角形。

0.5　0.5

0.2　0.5

⑥兩片一起進行鋸齒縫（拷克）。

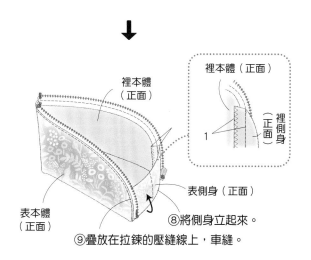

裡本體（正面）

裡本體（正面）

裡側身（正面）

1

表本體（正面）

表側身（正面）

⑧將側身立起來。

⑨疊放在拉鍊的壓縫線上，車縫。

材料
表布（棉麻布）35 cm ×40 cm
裡布（棉布）30 cm ×20 cm
接著襯（薄）30 cm ×20 cm

完成尺寸
橫長 12.5× 縱長 16.5 cm

原寸紙型
無

裁布圖

※標示尺寸已含縫份。
※▨▨ 需於背面側燙貼接著襯。

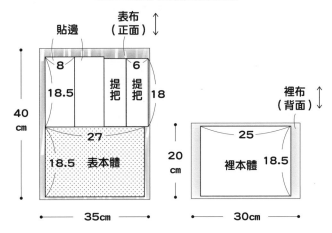

1.製作提把

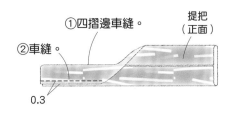

①四摺邊車縫。
②車縫。
0.3
提把（正面）

※另一條作法亦同。

2.製作貼邊

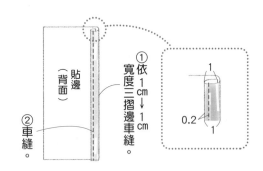

貼邊（背面）
②車縫。
①依寬度三摺邊車縫。
1 cm ↓ 1 cm
0.2
1 / 1

※另一片的另一側縫法亦同。

3.製作本體

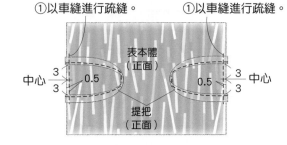

①以車縫進行疏縫。　①以車縫進行疏縫。
中心 3 / 3　0.5　表本體（正面）　0.5　3 / 3 中心
提把（正面）

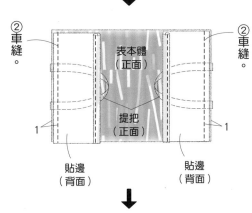

②車縫。　　表本體（正面）　　②車縫。
提把（正面）
1　　1
貼邊（背面）　　貼邊（背面）

對齊中心。

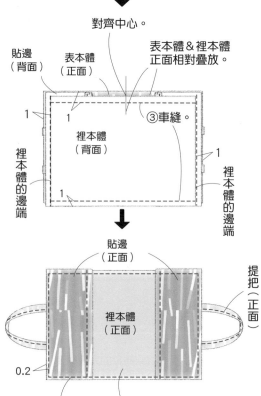

貼邊（背面）　表本體（正面）　表本體＆裡本體正面相對疊放。
1　1　③車縫。
裡本體（背面）
裡本體的邊端　　1　　裡本體的邊端
1

貼邊（正面）
提把（正面）
裡本體（正面）
0.2
⑤車縫。　④翻至正面。

波士頓包型波奇包

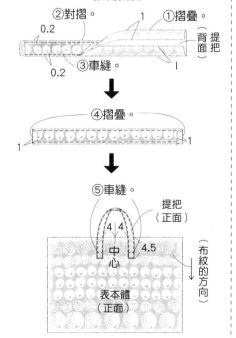

材料
表布（平織布）35cm×25cm 2 片
裡布（平織布）35cm×35cm
接著襯（中厚）70cm×25cm
線圈式樹脂拉鍊 30cm1 條

完成尺寸
橫長 18× 縱長 11× 側身 10 cm

原寸紙型
無

裁布圖

※標示尺寸已含縫份。
※ ▒▒▒ 需燙貼接著襯。

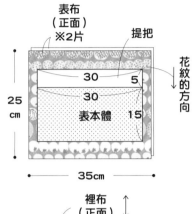

表布
（正面）
※2片
提把
花紋的方向 ↓

30 | 5
30
表本體 | 15

25 cm

35cm

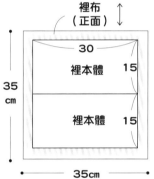

裡布
（正面）

30
裡本體 | 15
裡本體 | 15

35 cm

35cm

1. 接縫提把

②對摺。
①摺疊。
0.2
1
③車縫。
0.2
（背面）提把

④摺疊。
1 ─── 1

⑤車縫。
提把（正面）
4 | 4 | 4.5
中心
表本體（正面）
（布紋的方向）

※另一片的表本體也依相同
方式接縫提把。

---

2. 製作表本體

對齊中心。
表本體（正面）
拉鍊（正面）
0.2
1
表本體（正面）
①將邊端摺疊1cm，
疊放在拉鍊上，車縫。

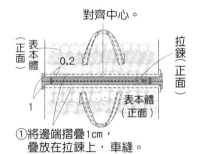

②對摺。
③燙開縫份。
1

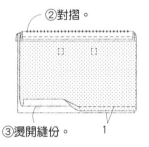

④事先打開拉鍊。
表本體（背面）
1
中心
⑥車縫。
⑤以拉鍊位置為中心，
重新摺疊。

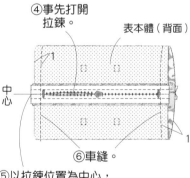

⑦順著拉鍊的位置
重新摺疊。
4
表本體（背面）
4
⑧車縫。

---

3. 製作裡本體

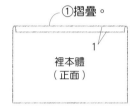

①摺疊。
1
裡本體（正面）

※另一片的裡本體摺疊方法亦同。

裡本體（背面）
②車縫。
③燙開縫份。
1

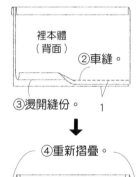

④重新摺疊。
裡本體（背面）
1
⑤車縫。
1

⑥在山摺線的位置
重新摺疊。

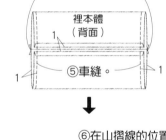

4
裡本體（背面）
4
⑦車縫。

4. 疊合表本體 & 裡本體

①將裡本體放入表本體之中，
藏針縫於拉鍊布上。

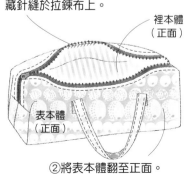

裡本體（正面）
表本體（正面）

②將表本體翻至正面。

35

雙口袋波奇包

材料
表布（平織布）50 cm×40 cm
裡布（棉布）50 cm×40 cm
接著襯（厚）50 cm×40 cm
磁釦 10 mm 1 組

完成尺寸
橫長 21×縱長 13 cm

原寸紙型
P.46
（圓角紙型）

裁布圖

※除了圓角紙型之外皆無原寸紙型。
　請依標示尺寸（已含縫份）直接裁剪。
※── 的部分是使用「圓角紙型」，描畫弧形。
※▨ 需於背面側的完成線內燙貼接著襯（僅表布）。

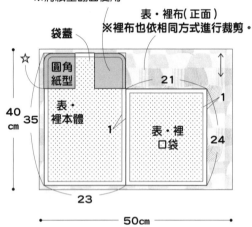

※將紙型翻面使用。

袋蓋

圓角紙型

表・裡本體

表・裡布（正面）
※裡布也依相同方式進行裁剪。

21

1

表・裡口袋

24

1

☆

40 cm 35

23

50cm

1.添加山摺線

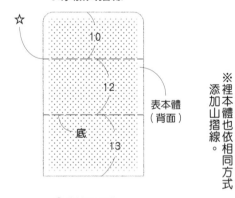

☆

10

12

底

13

表本體（背面）

※裡本體也依相同方式添加山摺線。

2.製作口袋

裡本體（正面）

表本體（背面）

返口 12cm

1

①車縫。

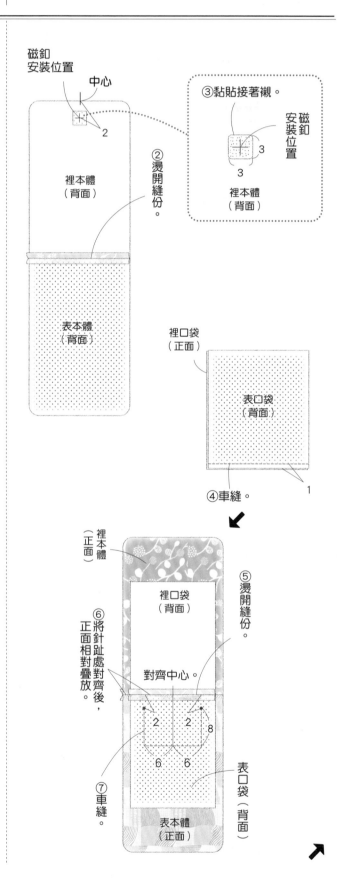

磁釦安裝位置

中心

2

裡本體（背面）

②燙開縫份。

表本體（背面）

③黏貼接著襯。

磁釦安裝位置

3

3

裡本體（背面）

裡口袋（正面）

表口袋（背面）

④車縫。

1

裡本體（正面）

裡口袋（背面）

⑤燙開縫份。

對齊中心。

⑥將針趾處對齊後，正面相對疊放。

2　2　8

6　6

⑦車縫。

表口袋（背面）

表本體（正面）

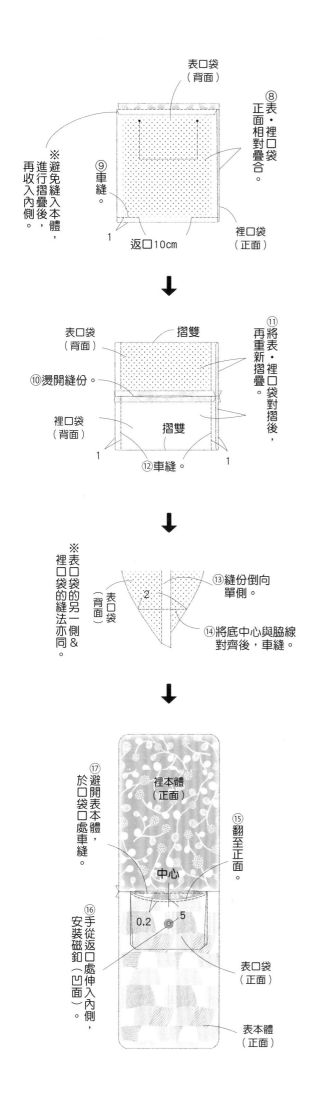

表口袋（背面）

⑧表・裡口袋正面相對疊合。

※避免縫入本體，進行摺疊後，再收入內側。

⑨車縫。

返口10cm

裡口袋（正面）

1

表口袋（背面）

摺雙

⑪將表・裡口袋對摺後，再重新摺疊。

⑩燙開縫份。

裡口袋（背面）

摺雙

1　　1

⑫車縫。

---

⑬縫份倒向單側。

表口袋（背面）

2

※表口袋的另一側＆裡口袋的縫法亦同。

⑭將底中心與脇線對齊後，車縫。

裡本體（正面）

⑰避開表本體，於口袋口處車縫。

⑮翻至正面。

中心

⑯手從返口處伸入內側，安裝磁釦（凹面）。

0.2　5

表口袋（正面）

表本體（正面）

3.製作本體

裡本體（背面）

底

①將表本體＆裡本體的袋蓋正面相對疊合。

③將針趾處與☆對齊。

☆

表本體（背面）

底

②於袋底處摺疊，將所有表本體、裡本體正面相對疊合後，再重新摺疊。

表本體（背面）

裡本體（正面）

1

⑤車縫。

底

⑥從底側翻至正面。

④將所有表本體＆裡本體的底部對齊，摺疊。

0.2

⑧手伸入內側，安裝磁釦（凸面）。

⑦車縫。

0.2

裡本體（正面）

表本體（正面）

⑨避開口袋，於本體的袋口處車縫。

中心

裡本體（正面）

1.3

2

⑩將2.-⑦預留未縫的口袋剪接處縫合。

表口袋（正面）

表本體（正面）

御飯糰保鮮袋

材料
表布（棉麻帆布）35cm×45cm
裡布（保冷內襯）35cm×40cm
棉質織帶 寬 2cm 130cm
魔鬼氈 寬 2.5cm 15cm

完成尺寸	原寸紙型
橫長 14× 縱長 9.5× 側身 11cm	**P.46**

（裁布圖）

※表・裡本體無原寸紙型。
　請依標示尺寸（已含縫份）直接裁剪。

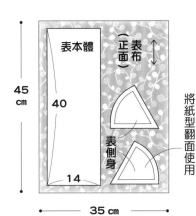

1. 疊合表・裡本體

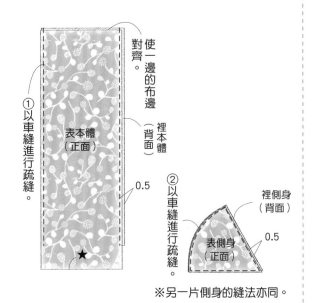

※另一片側身的縫法亦同。

2. 接縫魔鬼氈

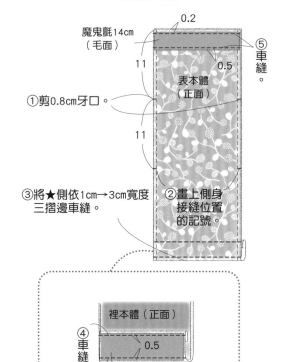

①剪0.8cm牙口。

③將★側依1cm→3cm寬度三摺邊車縫。

②畫上側身接縫位置的記號。

④車縫。

魔鬼氈14cm（勾面）

3. 進行飾邊

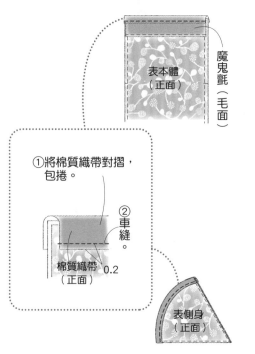

①將棉質織帶對摺，包捲。

②車縫。

棉質織帶（正面）0.2

※另一片側身也依相同方式進行飾邊。

4. 接縫側身

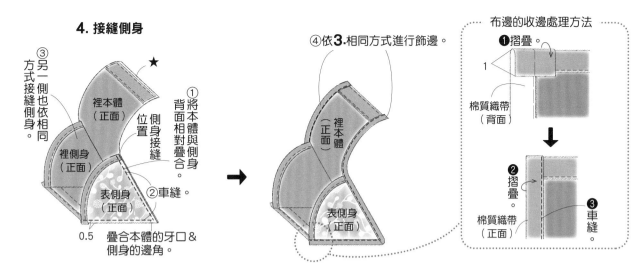

③另一側也依相同方式接縫側身。

裡本體（正面）

裡側身（正面）

表側身（正面）

★

側身接縫位置

①將本體與側身背面相對疊合。

②車縫。

0.5　疊合本體的牙口＆側身的邊角。

④依3.相同方式進行飾邊。

裡本體（正面）

表側身（正面）

布邊的收邊處理方法

❶摺疊。

1

棉質織帶（背面）

❷摺疊。

棉質織帶（正面）

❸車縫。

圓形束口袋

材料
表布（棉布）35 cm × 40 cm
裡布（棉布）40 cm × 35 cm
棉繩 寬 0.4 cm 120 cm
手藝填充棉花 適量

完成尺寸
直徑 30 cm
（展開狀態）

原寸紙型
P.45

裁布圖

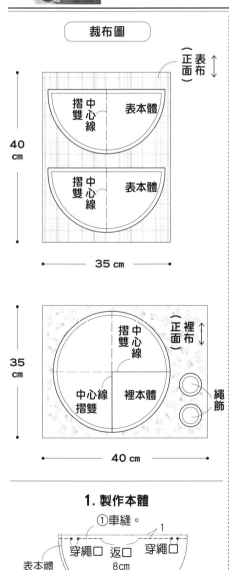

（表布正面）

摺雙 中心線　表本體

摺雙 中心線　表本體

40 cm

35 cm

（裡布正面）

摺雙 中心線

中心線 摺雙　裡本體

繩飾

40 cm

1. 製作本體

①車縫。
1

穿繩口　返口 8cm　穿繩口

表本體（正面）

表本體（背面）

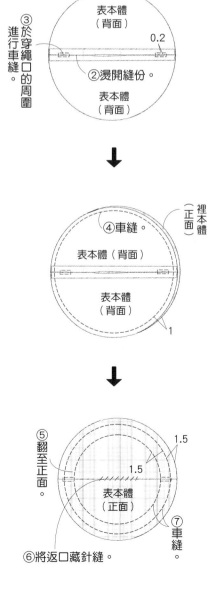

③於穿繩口的周圍進行車縫。

表本體（背面）

0.2

②燙開縫份。

表本體（背面）

裡本體（正面）

④車縫。

表本體（背面）

表本體（背面）

1

⑤翻至正面。

1.5

1.5

表本體（正面）

⑥將返口藏針縫。

⑦車縫。

---

2. 穿入束口繩

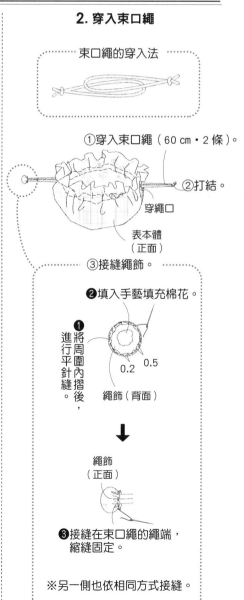

束口繩的穿入法

①穿入束口繩（60 cm・2 條）。

②打結。

穿繩口

表本體（正面）

③接縫繩飾。

❷填入手藝填充棉花。

❶將周圍內摺後，進行平針縫。

0.2　0.5

繩飾（背面）

繩飾（正面）

❸接縫在束口繩的繩端，縮縫固定。

※另一側也依相同方式接縫。

材料（■…S・■…M・■…L・■…通用）

表布（棉布）25 cm ×20 cm・30 cm ×20 cm・35 cm ×25 cm

裡布（棉布）35 cm ×30 cm

鋪棉 30 cm ×30 cm

緞帶 寬 1 cm 120 cm

完成尺寸

（■…S・■…M・■…L）

橫長 14× 縱長 8× 高 2 cm

橫長 17× 縱長 9× 高 3 cm

橫長 20× 縱長 12× 高 4 cm

原寸紙型

無

裁布圖

※標示尺寸已含縫份。

※■…S ■…M ■…L

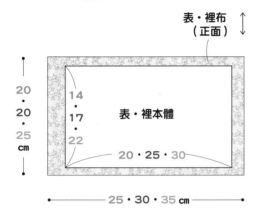

表・裡布
（正面）

20・20・25 cm

14
17
22

表・裡本體

20・25・30

25・30・35 cm

---

1. 製作本體

①將緞帶以車縫疏縫固定。

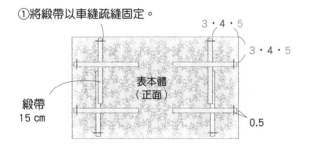

3・4・5

3・4・5

緞帶
15 cm

表本體
（正面）

0.5

②疊放上與表本體相同尺寸的鋪棉。

③車縫。

表本體
（背面）

裡本體
（正面）

1

返口 7 cm

---

④於接近針趾的邊緣，裁剪縫份的鋪棉。

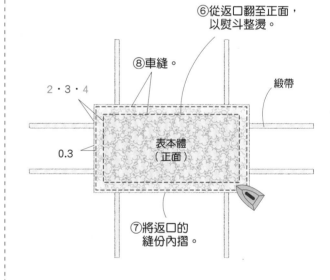

裡本體
（正面）

表本體
（背面）

1

⑤裁剪邊角的縫份。

⑥從返口翻至正面，以熨斗整燙。

⑦將返口的縫份內摺。

⑧車縫。

緞帶

2・3・4

0.3

表本體
（正面）

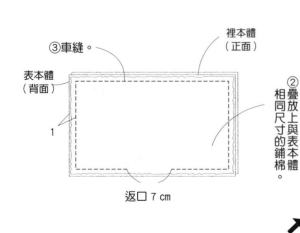

⑨沿內側的針趾摺疊，繫蝴蝶結固定。

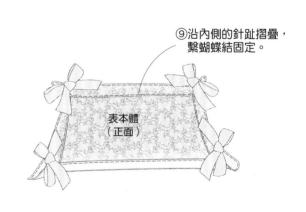

表本體
（正面）

荷葉邊手提袋

材料
表布（棉布）100 cm×190 cm
裡布（棉布）40 cm×80 cm

完成尺寸
橫長 32×35 cm
（提把 50 cm）

原寸紙型
無

[裁布圖]

※標示尺寸已含縫份。

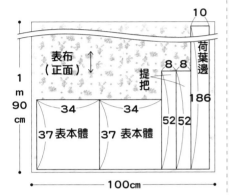

10

表布（正面）

荷葉邊

1 m 90 cm

提把

8 8

186

34   34

37 表本體   37 表本體

52 52

◀──── 100cm ────▶

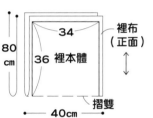

裡布（正面）

34

80 cm

36 裡本體

摺雙

◀── 40cm ──▶

1. 製作提把

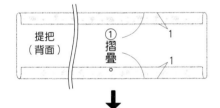

提把（背面）

① 摺疊。

1

1

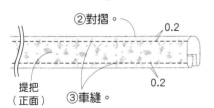

0.2

提把（正面）

② 對摺。

③ 車縫。

0.2

※另一條作法亦同。

2. 製作荷葉邊

① 對摺。

5

1 荷葉邊（背面） 1

② 車縫。

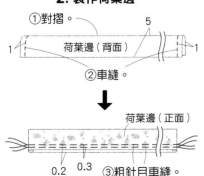

荷葉邊（正面）

0.2 0.3 ③ 粗針目車縫。

---

④ 拉粗針目車縫的上縫線，抽拉細褶。

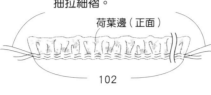

荷葉邊（正面）

102

3. 製作裡本體

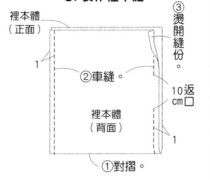

裡本體（正面）

1

② 車縫。

③ 燙開縫份。

10 cm 返口

裡本體（背面）

1

① 對摺。

4. 製作表本體

① 以車縫進行疏縫。

5.5 5.5

0.5

中心

提把（正面）

表本體（正面）

※ 另一側也依相同方式接縫提把。

② 以車縫進行疏縫。

1   1

0.5

表本體（正面）

荷葉邊（正面）

0.5

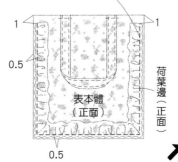

---

④ 燙開縫份。

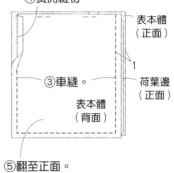

表本體（正面）

1

③ 車縫。

荷葉邊（正面）

表本體（背面）

⑤ 翻至正面。

5. 疊合裡本體&表本體

① 將表本體放入裡本體之中。

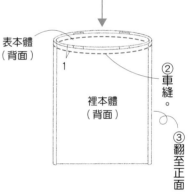

表本體（背面）

1

② 車縫。

裡本體（背面）

③ 翻至正面。

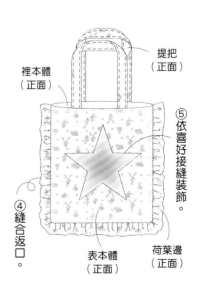

提把（正面）

裡本體（正面）

⑤ 依喜好接縫裝飾。

④ 縫合返口。

表本體（正面）

荷葉邊（正面）

含縫份的原寸紙型

・紙型勿直接剪下，請複寫於牛皮紙或描圖紙上使用。
・紙型已含縫份。
・｜・‖等記號為合印記號。請對齊所有相同記號進行縫合。
・因紙張具伸縮性，多少會產生誤差，敬請見諒。

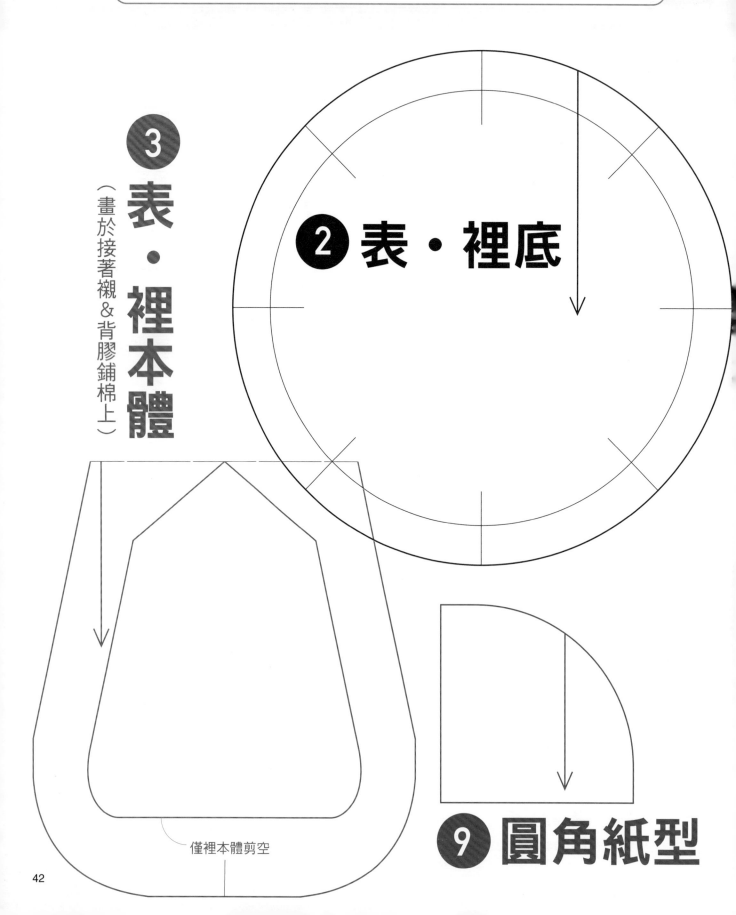

③ 表・裡本體
（畫於接著襯&背膠鋪棉上）

② 表・裡底

僅裡本體剪空

⑨ 圓角紙型

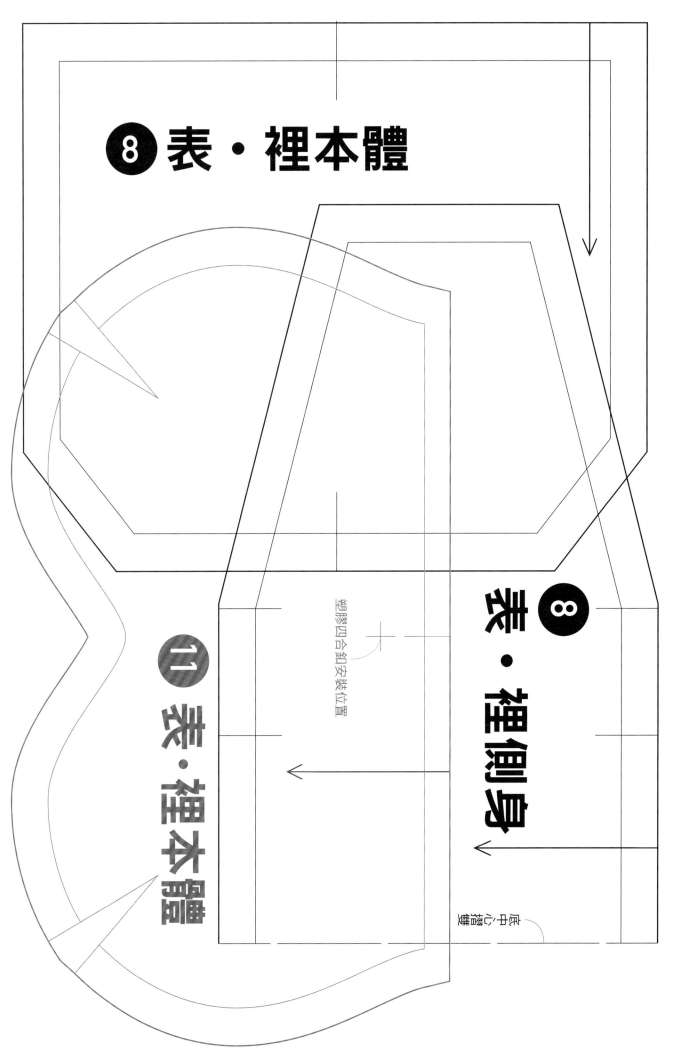

8 表・裡本體

8 表・裡側身

11 表・裡本體

塑膠四合釦安裝位置

底中心褶雙

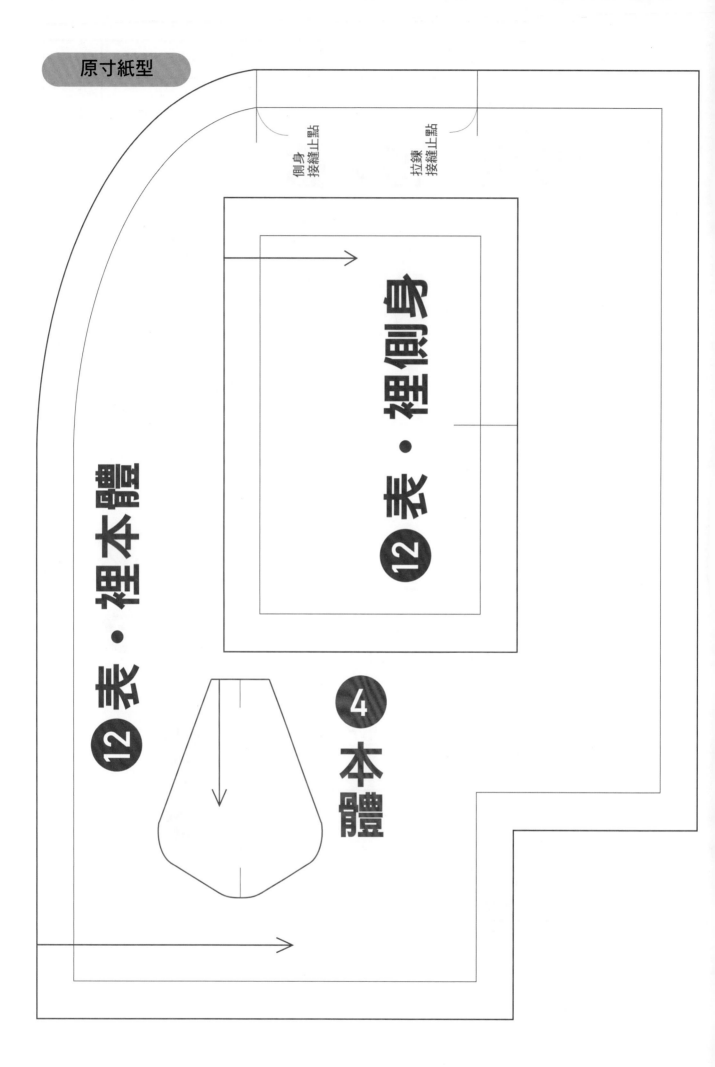

12 表・裡本體

12 表・裡側身

4 本體

側身
接縫止點

拉鍊
接縫止點

18 表本體

穿繩口

中心線摺雙

18 繩飾

18 裡本體

中心線摺雙

摺雙

45

⓱表・裡本體

⓯圓角紙型

⓰表・裡側身

SEE YOU
NEXT
EDITION!

Cotton friend 手作誌
Spring Edition
2024 vol.64 別冊

零碼布的手作BOOK
人氣作家的布小物20選

授權	BOUTIQUE-SHA
譯者	彭小玲
社長	詹慶和
執行編輯	陳姿伶
編輯	劉蕙寧‧黃璟安‧詹凱雲
美術編輯	陳麗娜‧周盈汝‧韓欣恬
內頁排版	陳麗娜‧造極彩色印刷
出版者	雅書堂文化事業有限公司
發行者	雅書堂文化事業有限公司
郵政劃撥帳號	18225950
郵政劃撥戶名	雅書堂文化事業有限公司
地址	新北市板橋區板新路 206 號 3 樓
網址	www.elegantbooks.com.tw
電子郵件	elegant.books@msa.hinet.net
電話	(02)8952-4078
傳真	(02)8952-4084

2024 年 4 月初版一刷　定價／ 480 元（手作誌 64 ＋別冊）

COTTON FRIEND (2024 Spring issue)
Copyright © BOUTIQUE-SHA 2024 Printed in Japan
All rights reserved.
Original Japanese edition published in Japan by BOUTIQUE-SHA.
Chinese (in complex character) translation rights arranged with
BOUTIQUE-SHA
through KEIO CULTURAL ENTERPRISE CO., LTD.

經銷／易可數位行銷股份有限公司
地址／新北市新店區寶橋路 235 巷 6 弄 3 號 5 樓
電話／ (02)8911-0825
傳真／ (02)8911-0801

Staff 日本原書製作團隊

設計	牧 陽子
攝影	回里純子
造型	西森萌
髮妝	タニジュンコ
模特兒	EILEEN
編輯	根本さやか
	川島順子
	濱口亜沙子
	渡辺千帆里
縫製協力	キムラマミ
	小林かおり
校閱	澤井清絵

Special thanks

textile pantry
（JM PLANNING 株式會社）
https://www.textile-pantry.jp

株式會社 TSUCREA
https://tsucrea.co.jp

零碼布玩設計！

零碼布的手作
BOOK

人氣作家的布小物**20**選